ADLER

DAVID JONES

ADLER

KÖNEMANN

Originaltitel: Eagles

Produktion: Elizabeth McLean mit Unterstützung der *Foundation to Protect America's Eagles*
Umschlaggestaltung: Steve Penner
Design: Margaret Ng
Umschlagfoto: Lynn M. Stone

Könemann Verlagsgesellschaft mbH
Bonner Str. 126, D-50968 Köln

Übersetzung aus dem Englischen: Beate Felten
Redaktion und Satz: Kells Text- und Verlagsbüro
Herstellungsleiter: Detlev Schaper
Druck und Bindung: Sing Cheong Printing Co., Ltd.

Printed in Hong Kong

ISBN 3-89508-575-8

Ich teile das Schicksal des Adlers,
der sterbend sah, daß den tödlichen Pfeil
seine eigene Feder schmückte,
die einst so hoch ihn getragen.

Edmund Waller

To a Lady Singing a Song of His Own Composing

VORHERGEHENDE SEITEN:
Weißkopfseeadler versammeln sich zu Tausenden in British Columbia und Alaska und lassen sich die Lachse schmecken, die hier im Winter laichen. Auf den ersten Blick sehen die Greife beinahe gesellig aus, doch der Schein trügt, denn sie zeigen kaum Verhaltensweisen, wie sie für echte Vogelschwärme typisch sind. Ihre Hauptaktivität beschränkt sich darauf, einander die Beute abzujagen.

INHALT

EINFÜHRUNG

DER ADLER AUS DER SICHT DES MENSCHEN

Seinen ersten Adler vergißt man nicht. Als ich neun Jahre alt war, kaufte ich mir einen Flugdrachen aus transparentem Kunststoff mit dem aufgedruckten Bild eines fliegenden Adlers. Er wirkte riesengroß und sah ziemlich echt aus, mit weit ausgebreiteten Schwingen und unter dem Schwanz geballten Fängen. Nur sein Kopf, der wie bei einem Wappenvogel zur Seite gedreht war, paßte nicht zum Bild eines fliegenden Adlers. Mit seinem einzigen Auge schien er mich die ganze Zeit drohend anzustarren. Der Wind war günstig, und ich ließ den Drachen mit einer vollen Spule Nylonschnur steigen. Während ich zuschaute, wie mein Windvogel immer höher stieg, hatte ich meine helle Freude. Ich konnte mir vorstellen, daß es bestimmt Leute gab, die ihn hoch oben in der Luft entdecken und zumindest auf den ersten Blick für einen echten Adler halten würden.

Als mein Drachen so hoch gestiegen war, daß die Schnur abgewickelt war und ich gerade eine zweite befestigt hatte, bemerkte ich plötzlich einen echten Adler. Er strich über einen Bergkamm, der, so vermutete ich, der Gipfel des Hollyburn Mountain sein mußte. Ich hatte zuvor noch nie einen richtigen Adler gesehen, kannte ihn jedoch von Bildern. Ich wußte, daß kein anderer Vogel so groß sein konnte.

VORHERGEHENDE SEITE, LINKS:
Nur ungefähr 50 Prozent aller „Abstürze" oder Stoßflüge des Königs der Greife sind erfolgreich. In diesen Fällen sind die vorgestreckten Fänge mit den gefährlichen Krallen das letzte, was das Opfer vor seinem Tod sieht. Bei den restlichen Überraschungsattacken kommt das potentielle Beutetier noch einmal mit dem Leben davon. Die relativ niedrige Trefferquote erklärt auch die große Bereitschaft des Adlers, mit verletzten und schwachen Tieren oder Aas vorliebzunehmen.

VORHERGEHENDE SEITE, RECHTS:
Heute findet man Adler vor allem in Gegenden, in denen keine Menschen leben. Das Hauptverbreitungsgebiet des Weißkopfseeadlers zieht sich wie ein Band an der amerikanischen Pazifikküste entlang und reicht von Alaska bis Washington. Steinadler kommen vor allem in der kanadischen Arktis und in den schwer zugänglichen Teilen der westlichen Kordilleren vor. Dank strenger Schutzmaßnahmen können die Tiere heute überall in Amerika überleben.

Er begann, meinen Drachen zu umkreisen. Meinen winzigen Drachen. Die Schwingen des echten Adlers bewegten sich kaum, während er langsam seine Kreise zog. Er glitt so ruhig dahin, daß es fast so schien, als sei er nur ein aufgemalter Fixpunkt auf einer unsichtbaren, sich langsam drehenden Scheibe. Plötzlich stieß ein zweiter Adler zu ihm. Vielleicht bildete ich es mir nur ein, aber es sah so aus, als kreisten sie in einer Spirale über mir.

Mein erster sorgenvoller Gedanke galt meinem Drachen, für den ich mein ganzes Taschengeld ausgegeben hatte, und ich begann, die Leine so schnell wie möglich aufzuwickeln, aber natürlich war ich nicht schnell genug. Ich wußte, daß Adler hervorragend sehen können. Bestimmt hatten sie längst erkannt, daß es sich bei meinem Adler nur um eine Attrappe handelte. Aus dem Blickwinkel der Greife mußte das Bild praktisch unsichtbar sein, ein verschwundener Adler, von dem nur noch die hochgestellte Drachenkante übrig war. Ich war überzeugt, daß die beiden Greife hoch über mir nur Augen für die Leine hatten, die direkt zu der Person führte, die es gewagt hatte, sie mit einer Attrappe zum Narren zu halten.

LINKS: *Obwohl das erstgeschlüpfte Junge sein schwächeres Geschwister fast immer tötet, legen Steinadler meist zwei Eier. Wahrscheinlich handelt es sich dabei um eine Vorsorge der Natur, die der Sicherung der Nachkommenschaft dient. Falls ein Ei zerstört werden sollte, bleibt immer noch ein Ersatzei. Die Adlerküken in diesem Horst haben beide überlebt und sind bereits drei Wochen alt. In diesem Fall wird eine Art „Waffenstillstand" geschlossen, und beide wachsen heran und werden flügge.*

Ich zog und wickelte, so schnell ich konnte. Es war mir völlig egal, ob ich die Leine richtig aufwickelte oder nicht, ich zerrte einfach immer weiter und ließ zu, daß sie sich vor meinen Füßen zu einem wirren Knäuel verhedderte. Ich dachte lediglich, daß ich dankbar wäre, wenn ich nur lange genug leben würde, um für eine neue Rolle Angelschnur zu sparen. Ich wußte nicht viel über Adler, aber auf den Bildern, die ich gesehen hatte, wirkten sie genau wie mein Drachenadler nicht sehr vertrauenerweckend.

Als ich wieder hochschaute, hatten die Adler abgedreht und verschwanden gerade über dem Berg.

Das war meine erste Begegnung mit einem Adler, doch wenn ich recht überlege, ist mir der Adler auf dem Drachen noch deutlicher in Erinnerung geblieben: ein grimmig dreinschauender, äußerst wachsamer Vogel.

Vielleicht erblickte vor tausend Jahren ein Indianerjunge auf ganz ähnliche Weise seinen ersten Adler hoch oben am Himmel, ein fernes Kreuz aus Schwingen und Körper, ein Wesen, das so ruhig und unendlich weit über ihm schwebte, daß es kaum noch Ähnlichkeit mit anderen Vögeln zu haben schien. Es ist nicht schwer zu verstehen, warum die Pueblo-Indianer im Südwesten der Vereinigten Staaten glaubten, daß die Adler nur als Gäste auf der Erde weilten. Von ihrer eigentlichen Heimat, dem Ort, an dem die Sonne schlief, glitten die Adlerwesen durch eine Öffnung im Himmel herab, um hoch oben an den Felswänden der Hochplateaus ihre Horste zu bauen und ihre Eier zu legen. Der Adler verkörperte für sie auch den Zenit, der vom höchsten Punkt des Himmelsgewölbes auf die Tiere in den vier Himmelsrichtungen herabblickt.

Die Mythen der Athapasken erzählen, wie die Adler einen Menschen vor dem Hungertod bewahrten. Ein Prinz, der einem Adler einen Lachs geschenkt hatte, als es noch Nahrung im Überfluß gab, wurde im folgenden Jahr, als großer Mangel herrschte, von den dankbaren Vögeln belohnt, indem

VORHERGEHENDE SEITE: *Weißkopfseeadler nutzen in Nordamerika eine Vielzahl von Biomen. Obwohl sie an der Westküste am häufigsten vorkommen, können sie in fast jeder Art von Habitat in der Nähe von offenen Gewässern leben, von der Baja-Halbinsel im Süden bis hinauf zur kanadischen Arktis. Dieses Exemplar wurde auf Panhandle in Alaska fotografiert.*

RECHTS: *Eine Methode, die Ornithologen bei Adlern zur Identifizierung des Geschlechts anwenden, ist die genaue Betrachtung des Schnabels. Der Schnabel des Weibchens ist mächtiger (Gesamtdicke von der Oberkante bis zum Kinn) als der des Männchens. Bei einem Adler in Gefangenschaft muß der Schnabel jedes Jahr gestutzt werden, als Ersatz für die natürliche Abnutzung, die darauf beruht, daß der Vogel mit dem Schnabel Fleisch von den Knochen seiner Beutetiere schabt.*

sie zuerst Lachse, dann Seelöwen und zum Schluß sogar Wale aus dem Meer zogen, um sich ihm erkenntlich zu zeigen. Derartige Geschichten beruhen wahrscheinlich auf den Beobachtungen der Menschen, die gesehen hatten, wie Adler Nahrung für ihre Jungen durch die Lüfte trugen.

Wahrscheinlich gab es einst eine Zeit, in der die meisten nordamerikanischen Indianerkinder Adlerfedern schon längst an Friedenspfeifen, Festtagskleidung oder Pfeilschäften gesehen hatten, bevor sie ihren ersten richtigen Adler zu Gesicht bekamen. Für viele Ureinwohner Amerikas besaßen Adlerfedern magische Kräfte, verliehen den Pfeilen Schnelligkeit und Treffsicherheit und schützten ihre Besitzer davor, die Unwahrheit zu sagen. Die Hopis hielten Adler in Käfigen, um immer genügend Federn vorrätig zu haben.

Heute gibt es nur wenige Städte, in denen ein Kind noch zufällig eine Adlerfeder auf dem Boden finden kann – ohnehin ist der Besitz dieser Federn inzwischen nur noch Indianern erlaubt. In den meisten ihrer ehemaligen Verbreitungsgebiete wurden die Adler vom Menschen ausgerottet, ihre Lebensräume mußten Dämmen, Bulldozern und Bebauungen weichen. Die Vögel selbst wurden abgeschossen, vergiftet, in Fallen gefangen oder starben auf Hochspannungsleitungen.

Es liegt schon eine grausame Ironie darin, daß der Mensch sich ausgerechnet das Tier, das er so unbarmherzig vernichtete, zum Symbol auserkoren hat. Filmgesellschaften, die amerikanische Post und verschiedene Staaten machten den Adler zu ihrem Emblem oder Wappentier, weil sie glaubten, daß er ihre Vorstellungen und Ideale am besten verkörpere. Auf Motorrädern prangen Chromplaketten mit Darstellungen von Adlern, und in den USA werden Fahrzeuge, Reifen, Läden und Schreibgeräte nach den mächtigen Greifen benannt.

Der Adler ist nicht nur einer der meistbeschäftigten Werbeträger, er hat auch wichtige Repräsentationspflichten zu erfüllen. In den Vereinigten Staaten ist der Weißkopfseeadler in der Heraldik

und Regierungspropaganda des Landes allgegenwärtig – wie es sich für ein nationales Wappentier gehört. Jenseits der Grenze wählten die Mexikaner den Steinadler zu ihrem Nationalsymbol. Auch in Europa, beispielsweise in Deutschland, spielt der Adler eine wichtige Rolle. Er schmückt dort Geldmünzen und Flaggen und wacht über dem Deutschen Bundestag.

Der Vogel selbst mag bedroht sein, als Symbol jedoch ist er präsenter denn je. Ein amerikanisches Kind kennt allerdings eher den sprücheklopfenden Muppet-Adler – einen aufgeblasenen, düster blickenden Politiker, der auf sein Rednerpult eindrischt und seine Zuhörer daran erinnert, daß alle Menschen unter ihrer Kleidung *nackt* sind.

* * *

Was fasziniert die Menschen, allen voran die Amerikaner, so sehr an diesem Greifvogel? Zunächst einmal wirkt er – schon allein wegen seiner Größe – äußerst imposant. Die beiden Adlerarten, die in Amerika vorkommen, gehören zu den größten Vögeln der Welt. Wie bei den meisten Greifvögeln ist das Weibchen für gewöhnlich größer als das Männchen. Steinadler haben eine Flügelspannweite von 2,3 Metern, bei einem Weißkopfseeadler hat man sogar eine Breite von fast 2,4 Metern gemessen. Nicht schlecht, aber schließlich ist Amerika nicht umsonst das Land der Superlative.

Außerdem beeindruckt er uns durch die Eleganz seines Fluges. Es gibt sicher viele Vögel, die weitaus geschicktere Flugkünstler sind – jeder, der schon einmal mitangesehen hat, wie eine Schar von Krähen oder Möwen einen Adler in der Luft angegriffen hat, kann dies bestätigen. Doch wenn ein Adler auf seinen mächtigen Schwingen mühelos durch die Lüfte gleitet, sind wir Zeugen einer Kraft, die sonst kaum ein anderer Vogel besitzt. Weder der Flug einer Taube noch die erstaunlichen Künste eines Kolibris haben dieselbe Wirkung wie die mächtigen Schwingen eines Adlers, der von einem aus dem Wasser ragenden Baumstumpf abhebt oder im Stoßflug vom Himmel fällt.

LINKS: *Steinadler und Weißkopfseeadler sind die einzigen Adlerarten, die in Nordamerika in freier Wildbahn vorkommen. Der Weißkopfseeadler (links) den es nur in Amerika gibt, gehört zur Familie der See- oder Fischadler. Das Verbreitungsgebiet des Steinadlers (zweiter von rechts) zieht sich wie ein Band um die nördliche Hemisphäre. Der Steinadler gehört zu den „behosten" oder Echten Adlern. Die anderen beiden großen Gruppen sind die Schlangenadler, hier von einem Gaukler (zweiter von links) vertreten, der nur in Afrika vorkommt, und die riesigen Waldadler, zu denen auch die Harpyie (ganz rechts) gehört, die in den Regenwäldern Südamerikas lebt.*

Auch die majestätische Haltung und der ausdrucksvolle Kopf des Greifvogels beeindrucken den Menschen. Wenn er nicht fliegt, sitzt der Adler auf seiner hohen Warte und beobachtet uns. Die Knochenvorsprünge, die den oberen Rand seiner Augen schützen, erinnern an die Brauen auf einer in Falten gelegten menschlichen Stirn und scheinen dem Adlerkopf unweigerlich einen verärgerten, mißbilligenden Ausdruck zu verleihen. Man wird das Gefühl nicht los, daß der Adler höchst unzufrieden mit dem ist, was er sieht.

Der Adler scheint den Menschen abschätzend zu betrachten und hat dazu auch allen Grund. Wenn man bedenkt, was wir ihm angetan haben, obwohl er zu den Tieren gehört, die wir am meisten bewundern, dann gnade Gott den Tieren, die uns gleichgültig sind! Die Amerikaner haben zwar die Monarchie abgeschafft, aber vielleicht sehnen sie sich unbewußt nach jemandem, der über ihre Taten richtet. Tatsächlich scheint der Adler auf den zahlreichen Flaggen und Siegeln, die er seit der Antike schmückt, genau diese Funktion zu erfüllen.

In Kanada, wo dieser Vogel ebenfalls heimisch ist, wird diese Einstellung nicht geteilt. Dort sind die Adlerbestände nie so dramatisch gesunken wie dies in den angrenzenden Staaten der USA während der 50er und 60er Jahre dieses Jahrhunderts der Fall war. In Kanada ist man sich bewußt, wie knapp der Adler in den USA dem traurigen Schicksal des Aussterbens entgangen ist. Die Ironie, die darin liegt, daß ein Staat sein eigenes Nationalsymbol beinahe ausgerottet hat, ist den Kanadiern nicht entgangen.

Doch eine selbstgefällige Haltung ist durch nichts gerechtfertigt. In Kanada gibt es nur größere Adlerbestände, weil dort weniger Menschen leben, und es ist ebenso unwahrscheinlich, in Toronto einen Adler zu Gesicht zu bekommen, wie in Baltimore. Die größte Adlerpopulation der Welt lebt im übrigen in Alaska.

In Nordamerika gibt es nur zwei Adlerarten – den Weißkopfseeadler (engl. *Bald Eagle*, lat.

Haliaeetus leucocephalus) und den Steinadler (engl. *Golden Eagle*, lat. *Aquila chrysaetos*). Obwohl sie sich wie alle Adler ziemlich ähnlich sehen (besonders im jungen Alter, bevor der Weißkopfseeadler seinen charakteristischen weißen Kopf und die typischen Schwanzfedern entwickelt), sind sie nicht sonderlich nahe verwandt. Der Weißkopfseeadler gehört zur Gruppe der Fisch- oder Seeadler, während der Steinadler zu den Echten oder „behosten" Adlern gezählt wird. Diese Bezeichnung verdankt er der dichten Befiederung seiner Schenkel und Läufe, die bis hinunter zu den Krallen reicht. Die Läufe eines Weißkopfseeadlers sind unbefiedert, ein Merkmal, an dem sich die Jungtiere der beiden Adlerarten aus der Nähe betrachtet leicht unterscheiden lassen.

Verständlicherweise kommt man einem Adler selten so nahe, daß man die Federn auf seinen Läufen sehen kann. Im Flug zeigen nur die noch nicht ausgewachsenen Steinadler weiße Stellen an den Schwungfedern hinter den „Ellbogen".

Freilebende Weißkopfseeadler findet man nur noch in Nordamerika, höchstwahrscheinlich ist dies auch ihr Ursprungsgebiet. Möglicherweise sind sie einst aus einer nahe verwandten Art, dem europäisch-nordasiatischen Seeadler (engl. *White-tailed Sea Eagle*, lat. *Haliaeetus albicilla*), der auch in Deutschland vorkommt, entstanden. Einige dieser Seeadler könnten über die Beringstraße oder aus dem südlichen Grönland nach Alaska gelangt sein und sich dort vermehrt haben, bis irgendwann eine neue Art, der Weißkopfseeadler, entstand, der sie schließlich völlig verdrängte. All dies liegt mehr als eine Million Jahre zurück, ungefähr aus dieser Zeit stammt jedenfalls das älteste uns bekannte Skelett eines Weißkopfseeadlers. Möglicherweise gab es die Unterart aber auch schon viel früher, und wir besitzen nur keine Fossilien aus dieser Zeit.

Von Norden aus verbreitete sich der Weißkopfseeadler langsam über ganz Nordamerika bis hinunter zum Rio Grande, wobei er sich stets in der Nähe von offenen Gewässern aufhielt.

LINKS: *Wissenschaftler unterscheiden zwei Unterarten von Weißkopfseeadlern: die nördlichere Art (lat. Haliaeetus leucocephalus alascanus) und die südliche Art (lat. Haliaeetus leucocephalus leucocephalus), beide unterscheiden sich nur durch ihre Größe. Die nördlichere Unterart ist für gewöhnlich beträchtlich größer, vielleicht hilft dies den Tieren, in den kalten nordischen Wintern Wärme besser zu speichern. Doch diese Feinheiten sind nur für Taxonomen interessant. Die beiden Unterarten verpaaren sich ohne weiteres miteinander, wenn sich ihre Verbreitungsgebiete überlappen.*

VORHERGEHENDE SEITE: *Berichte darüber, daß Adler Haustiere oder sogar kleine Kinder geraubt haben, gehören natürlich ins Reich der Legenden. Das Beutegewicht eines ausgewachsenen Adlers übersteigt wahrscheinlich kaum zwei Kilos, so daß er nicht einmal in der Lage wäre, einen neugeborenen Säugling fortzutragen.*

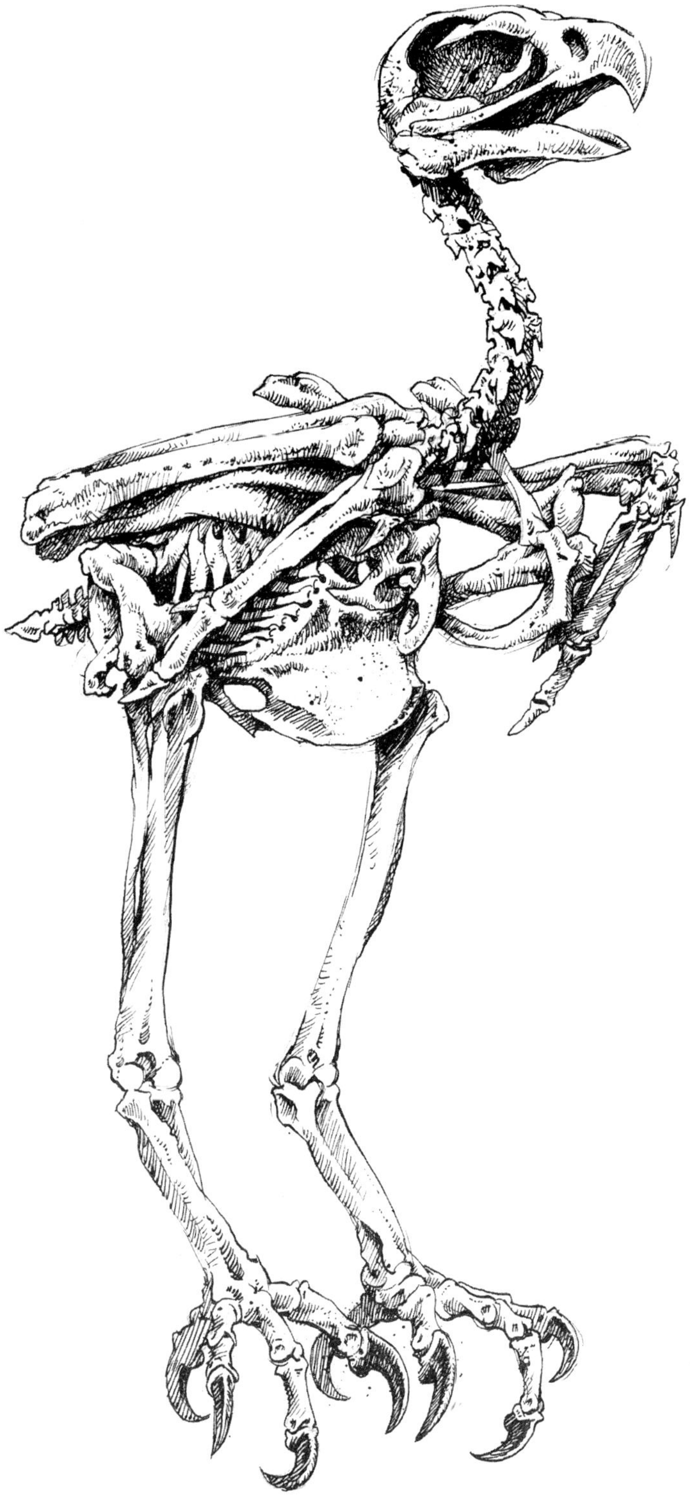

Etwa die Hälfte des weltweiten Weißkopfseeadlerbestandes von 70 000 Tieren lebt in Alaska. Rechnet man die Bestände von British Columbia – etwa 20 000 Tiere – hinzu, bildet die Nordwestküste Nordamerikas das bei weitem größte Verbreitungsgebiet. Dies liegt zum Teil daran, daß es dort die weltweit größten Lachsbestände gibt, und, was noch wichtiger ist, daß die Fische dort auch sterben, denn tote oder sterbende Fische sind eine wichtige Nahrungsquelle des Weißkopfseeadlers.

Um einen gemeinsamen Ahnherrn für Steinadler und Weißkopfseeadler zu finden, muß man den Stammbaum ziemlich weit hinabsteigen, bis man einen gemeinsamen Ast erreicht, der heute von einer Vogelgruppe besetzt wird, die wir als Milane bezeichnen. Aus den Vorfahren dieser Vögel, die in Südostasien lebten, entstanden wahrscheinlich vor 25 Millionen Jahren die Adler.

Das heutige Verbreitungsgebiet des Steinadlers zieht sich wie ein Band um die nördliche Hemisphäre. Außer im Grasland und in den Gebirgsregionen Nordamerikas findet man ihn heute in Nordafrika, Asien und Europa, vor allem in Schottland und Norwegen.

Als die ersten Steinadler zufällig nach Nordamerika gelangten, fanden sie in den Tundragebieten Karibus und Hasen im Überfluß vor. In den Bergen gab es Murmeltiere, Erdhörnchen, Elstern, Mäuse und Rauhfußhühner als Beutetiere. Schließlich bevölkerten ihre Nachkommen fast den gesamten Kontinent. Heute kommt der Steinadler nur noch in entlegenen Bergregionen vor, auch wenn einige Tiere immer noch in den Prärien leben. Dies liegt wahrscheinlich einer-

seits daran, daß Steinadler bedeutend menschenscheuer sind als Weißkopfseeadler, andererseits aber auch daran, daß ihre Nahrungsquellen in den Ebenen – Präriehunde, Aas sowie kranke und schwache Huftiere und deren Junge – fast gänzlich von Nutztieren verdrängt wurden, die von Menschen bewacht und verzehrt werden. Zudem nisten Steinadler mit Vorliebe auf Vorsprüngen an steilen Felswänden, wo die Aufwinde ihnen dabei helfen, schwerere Beutetiere zu ihren Jungen zu tragen.

Die Steinadler- und Weißkopfseeadlerbestände sind in den USA annähernd gleich groß, obwohl das Verbreitungsgebiet des Steinadlers bedeutend größer ist – es reicht von Zentralmexiko im Süden über die Rocky Mountains bis hinauf nach Alaska und in die nördlichen Wälder Kanadas. Man findet sie auch in den Northwest Territories und nördlichen Prärien Kanadas, in Quebec und New Brunswick sowie in den Appalachen und im Süden hinunter bis North Carolina.

Adler konnten sich so erstaunlich weit über Kanada und die Vereinigten Staaten ausbreiten, weil sie außer dem Menschen keine natürlichen Feinde haben. Bevor sich die Städte immer weiter ausdehnten, war man vor den riesigen Greifen wohl nur tief unten im Wasser oder im dichten Wald sicher, wo ihnen der nötige Platz zum Manövrieren fehlte. Überall sonst registriert wohl bis heute jedes Tier, das kleiner als ein Bär und größer als eine Maus ist, den Schatten eines Adlers über sich nur mit ziemlichem Unbehagen – entweder es bangt um sein eigenes Leben oder um das seiner Jungen.

Das Skelett eines Adlers wiegt 250 bis 300 Gramm – macht also nur fünf bis sechs Prozent des gesamten Körpergewichts aus. Die Federn wiegen doppelt so viel. Adlerknochen sind auch deshalb so leicht, weil sie innen hohl sind. Schnabel und Krallen zählen ebenfalls zum Skelett, bestehen aber wie die Federn aus Keratin.

RECHTS: *Man könnte annehmen, daß sich ein Rabe in unmittelbarer Nähe der gefährlichen Greifvögel reichlich unwohl fühlt. Doch in Wirklichkeit sind Vögel seiner Größe viel gewandter als die schnellsten Greifvögel, die sich bei ihren Attacken normalerweise vor allem auf den Überraschungseffekt verlassen. Diese Adler haben sich an einer Stelle versammelt, an der Ketalachse auf ihren Laichzügen vorbeiziehen, und haben wenig Interesse an Raben, solange es ihre Lieblingsbeute im Überfluß gibt.*

RECHTS AUSSEN: *Wer nicht viel über Adler weiß, fürchtet sich normalerweise vor allem vor dem eindrucksvollen Hakenschnabel, wenn er sich dem Vogel nähert. Ein im Umgang mit Greifvögeln erfahrener Mensch dagegen würde zunächst einmal dafür sorgen, daß die gefährlichen Fänge immobilisiert werden. Sie werden nicht nur zum Festhalten benutzt, sie sind auch die Hauptwaffen des Adlers.*

LINKS: *Die Horste der Weißkopfseeadler bestehen aus dicken Knüppeln und Ästen, ein alter Horst kann durchaus mehrere Tonnen schwer sein. Beide Elternvögel verwenden eine erstaunliche Energie darauf, das geeignete Horstmaterial auszuwählen und Ast für Ast zum Nest zu tragen. Ein Adlerpaar kann oft innerhalb seines Territoriums zwischen mehreren Wechselhorsten wählen – wobei die Horste nicht immer von ihnen gebaut wurden, sondern auch von einem anderen Paar stammen können, das sie inzwischen aufgegeben hat.*

AUSSEN: *Das Auge des Adlers ist wahrscheinlich das schärfste Tierauge überhaupt, mit einer Auflösung, die vier- bis achtmal größer ist als die des menschlichen Auges. Einer Kwakiutl-Legende zufolge konnte der Adler zuerst nur schlecht sehen, doch da er sogar die höchsten Baumwipfel erreichen konnte, wurde er vom Häuptling gebeten, hinaufzufliegen und nach feindlichen Kanus Ausschau zu halten. Der Adler, der seinem Volk unbedingt helfen wollte, bat die Schnecke, die damals noch hervorragend sehen konnte, ihm vorübergehend ihre Augen zu leihen.*

Die Schnecke ließ sich überreden, doch als die Zeit gekommen war, die man für die Rückgabe vereinbart hatte, weigerte sich der verräterische Adler. Seitdem, so die Legende, hat der Adler extrem scharfe Augen, während die bedauernswerte Schnecke gar nichts mehr sieht und sich nur ganz langsam fortbewegen kann, weil sie sich ihren Weg erst mühsam ertasten muß.

OBEN: *Wie viele Vögel genießen auch Adler ein erfrischendes Bad, müssen jedoch darauf achten, daß ihr Gefieder nicht allzu naß wird, weil sie sonst vorübergehend flugunfähig würden und warten müßten, bis ihre Schwingen getrocknet wären. Weißkopfseeadler baden oft in großer Zahl an den Ufern abgelegener Seen. Auch Steinadler hat man hoch oben in den Bergen in Felsmulden und Quellsenken baden sehen.*

LINKS: *Das Gefieder des ausgewachsenen Steinadlers ist fast durchgehend schokoladenbraun gefärbt, nur am Nacken gibt es Federn, die vor allem im Sonnenlicht deutlich golden schimmern. In der Luft kann man sie nur sehen, wenn der Vogel sich im Sturzflug nach unten fallen läßt oder – falls es einem vergönnt ist – wenn man über ihm fliegt.*

LINKS AUSSEN: *Durch sein kontrastreiches Gefieder hebt sich der Weißkopfseeadler schon auf weite Entfernungen vor fast jedem Hintergrund ab, dies hilft möglicherweise den ausgewachsenen Vögeln, andere Artgenossen auf ihre Anwesenheit und ihr Revier aufmerksam zu machen. Der englische Name „Bald Eagle" geht wahrscheinlich auf das altenglische Wort „ball" zurück, das „weißgezeichnet" bedeutet.*

OBEN: *Nur wenige Raubtiere riskieren es, sich mit den scharfen Krallen eines Adlers anzulegen, zudem kommen sie ohnehin nur selten in die Nähe eines ausgewachsenen Vogels. Der Braunbär auf diesem Bild gehört zu den großen Ausnahmen, hat jedoch kaum die Absicht, den Adler zu verspeisen, er will ihn wahrscheinlich nur vom Fluß vertreiben, wo sich beide von den Lachsen ernähren, die es hier im Überfluß gibt.*

RECHTS: *Auch wenn Angriffe auf Menschen ausgesprochen selten sind, gibt es Berichte darüber, daß Weißkopfseeadler auf Adak Island, wo die Tiere auf dem Boden nisten, Menschen attackierten, die sich ihrem Horst näherten. Meist greifen Adler jedoch nicht an, sondern kreisen nur unruhig am Himmel, bis die Eindringlinge verschwunden sind.*

HERRSCHER DER LÜFTE

DER ADLER UND SEINE BEUTE

Obwohl der Steinadler, der hoch oben über der Wiese kreiste, nur ein ferner Punkt am blauen Himmel zu sein schien, hatte er die Murmeltierkolonie unten am Boden schon längst in höchste Alarmbereitschaft versetzt, so daß für die nächste Stunde keine Hoffnung auf Beute bestand. Ein fettes Murmeltiermännchen, das gerade genüßlich Blüten kaute, hatte ihn als erster entdeckt und sofort einen warnenden Pfiff ausgestoßen. Jetzt beobachteten sämtliche Tiere mit glänzend schwarzen Augen den Himmel, bevor sie aus ihren Erdlöchern kamen, um schon im nächsten Moment wieder in einem anderen Höhleneingang zu verschwinden. Murmeltieraugen sind hervorragend beschaffen und können jede Bewegung in ihrer Umgebung registrieren, außer unter sich, doch von dort droht ihnen ohnehin kaum Gefahr. Aus der Luft allerdings drohte ihnen jetzt sogar höchste Gefahr, und das hektische Hin und Her von einem Eingang zum anderen trug wenig zur allgemeinen Beruhigung bei.

Der Adler sah, wie die wachsamen Murmeltiere an den Höhleneingängen warteten. Selbst auf diese Entfernung waren alle Einzelheiten der Wiese klar zu sehen. Genauso klar war allerdings, daß es hier für ihn nichts zu fressen gab, bis er sich so lange von der Kolonie fernhielt, daß die Murmeltiere ihn wieder vergessen würden.

VORHERGEHENDE SEITE, LINKS:
Adler verfügen über ein vielseitiges Repertoire von Lautäußerungen, die jedoch einem König der Lüfte wenig angemessen erscheinen. Ihre Rufe können kreischend, gellend scharf, aber auch weich flötend sein und wie durchdringendes Kläffen, lautes Miauen, pfeifenes Zirpen und Trillern klingen. Manchmal erinnern ihre Rufe auch stark an Möwenschreie. Adler rufen vor und nach der Balz, wenn sie Eindringlinge in ihrem Territorium bemerken und wenn sie ihren Partner bei der Rückkehr zum Horst begrüßen. Merkwürdigerweise schreien sie auch, wenn sie Beute gemacht haben, obwohl sie dann häufig ihr Mahl gegen Artgenossen verteidigen müssen.

VORHERGEHENDE SEITE, RECHTS:
Adler töten mit den Fängen, indem sie ihre stark gekrümmten Krallen, die durch Sehnen mit den kraftvollen Beinmuskeln verbunden sind, tief in den Körper des Opfers graben. Die Läufe des Weißkopfseeadlers, die hier abgebildet sind, haben an der Unterseite starke Zehenballen mit Haltestiften, die das Festhalten der Beute erleichtern.

Da entdeckte der Adler etwas, das ebenfalls sehr schmackhaft aussah. Auf einer Klippe in der Nähe der Wiese bewegte sich ein Großhornschaf den steilen Abgrund entlang, gefolgt von zwei Lämmern. Eines der Lämmer zog noch die vertrockneten Reste seiner Nabelschnur hinter sich her. Auf der Suche nach frischem Gras stiegen die Schafe von einem Felsvorsprung zum nächsten. Ihre Augen sind noch besser beschaffen als die der Murmeltiere, um Raubtiere sofort zu registrieren, doch noch hatten sie den Adler nicht entdeckt.

Der Adler hob seine Flügel zu einem V an und stürzte mit atemberaubender Geschwindigkeit nach unten, strich elegant über die Wiese, ohne die Murmeltiere, die sich in weiser Voraussicht wieder in Sicherheit gebracht hatten, auch nur eines Blickes zu würdigen.

Der Jäger hatte Glück. Als er lautlos an der Felswand entlang in die Tiefe glitt, hatten ihn die Tiere immer noch nicht bemerkt. Die Lämmer waren ein wenig hinter der Mutter zurückgeblieben, die gerade äsend zum nächsten Vorsprung den Felsen hinaufkletterte. Als sie sah, wie der Adler geradewegs auf sie herunterschoß, die Flügel zum Stoßflug angelegt, ein brauner Körper vor dem Hintergrund der gleichfarbigen Felsen, stieß sie ein kurzes, erschrockenes Blöken aus. Das Lamm, das ihr am nächsten war, rettete sich schleunigst unter ihren schützenden Körper, doch das zweite schaute zuerst nach oben, bevor es reagierte.

Das Lamm sah nur noch, wie der Adler seine Flügel nach hinten zog und seine offenen Fänge immer näher schossen, bis sie sich schließlich in seinen Hals bohrten und es die Klippe hinunterstießen. Die Hufe des Lamms traten verzweifelt ins Leere, bevor der kleine Körper schließlich auf einen Felsvorsprung aufschlug.

Das Mutterschaf kletterte die Klippe hinunter, um zu seinem Jungen zu gelangen, und stand fast zwei Stunden lang schützend über seinem Körper. Doch der Adler hatte Geduld, und das zweite Lamm war hungrig, so daß das Muttertier schließlich aufgab und mit seinem Jungen fortging. Das Warten hatte sich gelohnt. Der Adler konnte sich nun satt kröpfen.

LINKS: *Sollte der Adler einige von den Schrotkugeln verschlucken, die diese Schneegans getötet haben, könnte er eine eventuell für ihn tödliche Bleivergiftung bekommen.*

Schafe gehören zwar nicht zur Hauptbeute des Adlers, doch die oben beschriebene Jagdmethode ist typisch: Sobald das Opfer einen Moment lang nicht aufpaßt, nutzt der Adler seinen Vorteil. Wie die meisten fleischfressenden Jäger tötet er, wenn sich ihm die Gelegenheit dazu bietet.

Wie alle Tiere muß der Adler mit der Energie, die er durch seine Nahrung aufnimmt, sorgfältig haushalten. Er muß jagen, um die Energie zu erhalten, doch bei der Jagd verbraucht er wiederum Energie. Pflanzenfresser haben kaum Probleme, sich mit der nötigen Energie zu versorgen. Wenn sie auf geeignete Pflanzen stoßen, beginnen sie einfach zu fressen. Sobald sie fertig sind, kommt die nächste Pflanze an die Reihe. Während sie wach sind, fressen sie unablässig, außer wenn sie sich vor Räubern schützen müssen oder sich fortpflanzen.

Doch für spezialisierte Jäger wie den Steinadler sieht die Sache bedeutend schwieriger aus. Sobald er ein potentielles Opfer erblickt, muß er blitzschnell entscheiden, ob er versuchen soll, das Tier zu schlagen oder es besser bleiben läßt. Gleichgültig wie die Entscheidung des Adlers ausfällt, er verbraucht auf jeden Fall weiter Energie, doch wenn er angreift, benötigt er sehr viel mehr Energie, als wenn er nur auf einem Ast sitzt oder in der Thermik emporgleitet. Bevor er angreift, muß er relativ sicher sein, daß sich die Mühe auch lohnt. Wenn er zu oft angreift, ohne Beute zu machen, wird er bald zu schwach sein, um noch effektiv jagen zu können, und gerät in eine Art Teufelskreis: Er wird immer hungriger, aber auch immer schwächer und muß am Ende verhungern. Tatsächlich trifft dieses harte Los viele Adler. Etwa 50 Prozent der Jungadler überleben das Ende ihres ersten Winters nicht.

Vom Standpunkt des Adlers aus ist das Lamm ein ideales Opfer. Sein Kadaver versorgt ihn bei sehr wenig Aufwand mit vielen Kalorien. Er brauchte nicht einmal mit dem Lamm zu kämpfen und es zu töten, indem er mit seinen Klauen die Wirbelsäule oder Lunge seines Opfers durchbohrte, wie es

bei einem Murmeltier nötig gewesen wäre. Das Töten überließ er sozusagen der Schwerkraft, er brauchte nur den gezielten Stoß auszuführen, der das Lamm in den Abgrund schleuderte.

Da das Lamm auf einen unzugänglichen Felsvorsprung fiel, könnte es dem Adler möglicherweise sogar mehrmals als Mahlzeit dienen. Während der nächsten Tage wird er höchstens die lästigen Raben und Fliegen vertreiben müssen, ansonsten braucht er nur hinzufliegen und sich satt zu fressen. Hätte er das Lamm auf einer Wiese getötet, hätte er sich den Magen nur einmal vollschlagen können, bevor sich andere Nahrungskonkurrenten, etwa Kojoten oder vielleicht auch ein Grizzly, über den Kadaver hergemacht hätten.

Im allgemeinen sind Adler hervorragend ausgerüstet, um Beutetiere mit minimalem Aufwand aufzuspüren und zu schlagen. Die breiten, flachen Schwingen eignen sich ideal zum Gleitflug. Adler brauchen nicht mit den Flügeln zu schlagen, um die richtige Höhe zu erlangen, sie verlassen sich nur auf ihre Schwungfedern – die langen, fingerartigen Federn am Ende der Flügel. Die Schwungfedern funktionieren so ähnlich wie die Querruder an den Tragflächenenden eines modernen Flugzeugs. Mit ihnen kann der Adler seinen Kopf und seinen Körper bei starken Windböen gerade halten, was die Suche nach Beute zusätzlich erleichtert.

Wenn er sich schließlich auf ein Murmeltier oder ein Erdhörnchen stürzt, ermöglichen ihm die Schwungfedern einen lautlosen Angriff – etwas, das unmöglich wäre, wenn er mit den mächtigen Flügeln schlagen müßte. Die breiten Schwingen ermöglichen ihm außerdem, stundenlang oben in der Luft zu kreisen, wobei er sich von Aufwinden oder der Thermik emportragen läßt. Von dieser sicheren Position aus kann er mit seinen „Adleraugen“ – die Metapher kommt nicht von ungefähr – ein riesiges Areal genau überblicken.

Obwohl niemand genau sagen kann, was die Augen eines Adlers wirklich sehen, wissen wir, daß

LINKS: *Besonders im Flug kann man Steinadler leicht mit jungen Weißkopfseeadlern verwechseln. Von unten betrachtet, weisen beide an den unteren Enden der Schwungfedern, den „Ellbogen“, weiße Stellen auf. Die weißen Flecken der jungen Weißkopfseeadler befinden sich näher am Körper, am Flügelbug, zudem sind die Federkanten am Oberflügel hell gefärbt. Die Läufe des Steinadlers sind bis zu den Zehen befiedert, die des Weißkopfseeadlers nur bis zu einem Drittel der Länge.*

VORHERGEHENDE SEITE: *Adler sind hervorragende Flieger, auch wenn sie nicht so schnell sind wie ihre Vettern, die Falken. Ihre Geschwindigkeit konnte zwar nur selten genau gemessen werden, doch Steinadler können mindestens 250 Kilometer pro Stunde schnell fliegen, bei Sturzflügen schaffen sie wahrscheinlich sogar 300 Kilometer pro Stunde. Während des Sturzfluges legt der Adler die Flügel an, um durch die Verkleinerung seiner Körperoberfläche den Luftwiderstand zu verringern.*

er wie alle Vögel farbig sieht. Sein Auge ist fast so groß wie das des Menschen, wobei die Sehschärfe mindestens viermal so hoch ist wie die eines Menschen mit voller Sehkraft. Mit dieser hohen Auflösungsstärke bemerkt der Adler wahrscheinlich ein Kaninchen auch noch in ungefähr eineinhalb Kilometern Entfernung. Das bedeutet, daß ein Adler, der in einer Höhe von 300 Metern über offenem Gelände kreist, seine Beute auf einem Gebiet von acht Quadratkilometern ausmachen kann, und selbst das wäre nur von einem festen Punkt aus gesehen, doch für einen fliegenden Adler verändert sich der Radius natürlich ständig.

Ein horstendes Steinadlerpaar verzehrt in einem Jahr eine ziemlich große Menge an Fleisch – ungefähr 300 Kilogramm. Selbst bei einem Überfluß an Beute bedeutet dies, daß die Tiere in einem großen Gebiet jagen müssen, das man als Jagdrevier bezeichnet. Die Größe des Reviers hängt von der Ergiebigkeit und Beschaffenheit des Geländes ab, beispielsweise wie groß der Anteil an offenen Wiesen ist, die der Steinadler zur Jagd unbedingt benötigt. Eine Untersuchung in Idaho ergab, daß die durchschnittliche Reviergröße ungefähr 3300 Hektar pro Horstpaar betrug – also eine Größe von ungefähr 5 x 6,5 Kilometern. In stark bewaldeten Gebieten, wo die offenen Wiesen weit auseinander liegen, kann die Reviergröße eines Adlers sogar 50 000 Hektar betragen. Bei einer vor kurzem durchgeführten Studie im Norden von Quebec fand man Adlerhorste, die noch weiter auseinander lagen, wobei auf einen Horst etwa 100 000 Hektar kamen. Die Größe dieser Jagdgebiete veranlaßte Biologen zu der Schlußfolgerung, daß die Größe der Steinadlerbestände in den meisten Teilen Nordamerikas vom verfügbaren Raum und nicht vom Nahrungsangebot bestimmt wird.

Weißkopfseeadler benötigen keine so großen Jagdreviere, was zum Teil daran liegt, daß Fische und Wasservögel häufig dichter zusammenleben als Hasen oder Moorhühner. Im Rahmen einer telemetrischen Studie in der kanadischen Provinz Saskatchewan folgte man einem horstenden Weißkopf-

seeadlerpaar bei der Jagd. Auf der Suche nach Beute hielten sich die Greife in einem Gebiet auf, das weniger als 700 Hektar groß war, obwohl die Reviere von Weißkopfseeadlern bis zu sechsmal so groß sein können.

Innerhalb des Jagdreviers liegt in Horstnähe eine Art „inneres Revier“ oder Territorium, das von den Adlern gegen artgleiche Eindringlinge verteidigt wird und bei Weißkopfseeadlern normalerweise nicht mehr als einen Radius von eineinhalb Kilometern aufweist. Steinadler verteidigen sehr viel größere Territorien, die zwischen 5000 und 10 000 Hektar groß sein können. In Gebieten, wo es Nahrung im Überfluß gibt, ist das Jagdrevier manchmal nicht größer als das Territorium.

* * *

Inwiefern der Angriff eines Adlers triebgesteuert ist oder auf einer „bewußten Entscheidung“ beruht, bleibt ungeklärt, doch Adler besitzen durchaus eine gewisse Intelligenz. Ein gefangener Steinadler lernte ohne Hilfe, Nahrung außerhalb der Gitterstäbe seines Käfigs durch Ziehen an einem Seil zu sich heranzuholen. Dieser Adler konnte auch Menschen an ihrer Stimme oder Körperhaltung unterscheiden. Personen gegenüber, die ihn gut behandelt hatten, zeigte er Zuneigung, und zu Menschen, die ihn in der Vergangenheit schlecht behandelt hatten, verhielt sie sich feindselig. Einmal griff er allerdings auch seinen Besitzer an, obwohl er sich ihm gegenüber sonst immer freundlich verhalten hatte. Erst später fiel dem Mann auf, daß er die gleiche Kleidung getragen hatte wie einige Wochen zuvor, als er Schnabel und Krallen des Tieres gestutzt hatte – eine höchst unangenehme Prozedur, gegen die sich der Adler vehement gesträubt hatte.

Wie andere hochentwickelte Jäger verfügen Adler über eine erstaunliche Fähigkeit, schwache Tiere auszumachen und von der Gruppe oder Herde zu trennen, um sie dann gezielt anzugreifen. Sowohl bei Steinadlern als auch bei Weißkopfseeadlern wurde beobachtet, daß sie zu zweit jagten, wobei der

LINKS: *Weißkopfseeadler stehlen Futter von Artgenossen und anderen Vogelarten. Meist gibt der erfolgreiche Jäger schon auf, wenn der „Freibeuter“ die Verfolgung aufnimmt, und läßt seine Beute fallen. Manchmal kommt es aber auch zum Kampf, und der Weißkopfseeadler greift den artfremden Greifvogel direkt an, um in den Genuß der Beute zu gelangen. Der Naturforscher und Maler John James Audubon beschrieb das Verhalten eines Weißkopfseeadlers, der einen Geier am Kadaver eines Pferdes antraf. Als es ihm nicht gelang, die Eingeweide des Pferdes aus dem Schnabel des Geiers zu zerren, tötete er den Konkurrenten.*

VORHERGEHENDE SEITE: *Unter Jagdrevier versteht man das Gebiet, in dem ein Greifvogel jagt. Bei Weißkopfseeadlern variiert die Größe dieses Gebiets zwischen 700 und 4000 Hektar. Wo Nahrung im Überfluß vorhanden ist, sind die Reviere kleiner. Das Jagdrevier eines Steinadlers kann zehnmal größer sein als das eines Weißkopfseeadlers.*

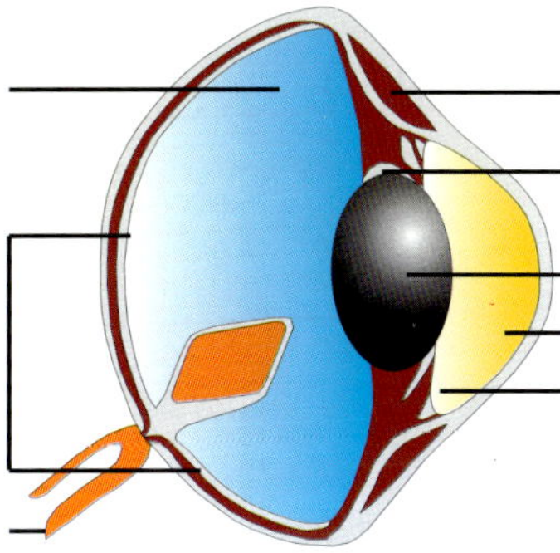

eine ein schwaches Tier aussonderte und der zweite sich auf das erschöpfte Beutetier stürzte, um es zu schlagen. Manchmal greifen Adler an, indem sie sich aus großer Höhe nach unten fallen lassen, doch sie können genausogut im Tiefflug über das Gelände gleiten wie ein niedrig fliegendes Kampfflugzeug, das den Radarschirmen entgehen will.

Adler verlassen sich meist auf den Überraschungseffekt ihres plötzlichen Angriffs. Obwohl sie geschickte Flieger sind, besitzen sie nicht im entferntesten die Wendigkeit eines hakenschlagenden Kaninchens am Boden oder eines kleinen Vogels in der Luft. Wenn ein Adler sich seiner Beute nicht unbemerkt auf geringe Distanz nähern kann, muß er notgedrungen versuchen, die Richtung zu erraten, die das potentielle Opfer einschlagen wird.

Beobachtungen an jagenden Adlern haben zwar ergeben, daß sie nur in einem Viertel aller Fälle ihre Beute erfolgreich schlagen, doch wahrscheinlich liegt der Jagderfolg für gewöhnlich höher, schätzungsweise bei etwa 50 Prozent.

Wenn der Adler angreift, bekommt das Beutetier das ganze Gewicht des hervorragend ausgerüsteten Jägers zu spüren. Auf den ersten Blick könnte man annehmen, daß Adler mit ihren mächtigen Hakenschnäbeln töten, doch sie sind Grifftöter, sie töten mit den Fängen. Viele Beutetiere sterben, weil die scharfen Krallen ihre Lunge, Wirbelsäule oder sogar Schädeldecke durchbohren, die meisten sterben jedoch an Schock. Besonders der Steinadler hat enorm starke Fänge. Die Griffweite der Hinterzehe (Hallux) ist sehr groß, so daß der Adler sogar Tiere von der Größe eines Rehkitzes töten kann.

Wenn das Beutetier getötet ist, beginnt das Kröpfen. Der Adler bohrt seinen scharfen, gebogenen Schnabel in den Körper der Beute und reißt Fleischfetzen heraus, verschluckt dabei aber auch Fell und kleine Knochen. Der Adlerschnabel ist ein effektives Reiß- und Schneidewerkzeug, jedoch nicht

OBEN: *Adler haben in der Netzhaut ihrer Augen jeweils zwei Vertiefungen oder Sehgruben (Fovea). (Die menschliche Netzhaut hat nur eine Vertiefung.) Je nachdem in welche Richtung der Adler blickt, projiziert die Linse das Bild auf eine der beiden Sehgruben. Die hintere Vertiefung ist für das nach vorne gerichtete, stereoskopische Sehen bestimmt, die andere für seitwärts gerichtetes Sehen. Beide Sehgruben sind dichter mit Stäbchen und Zäpfchen besetzt als das menschliche Auge, so daß die Auflösung sehr viel höher ist.*

LINKS: *Adler haben Augenlider wie wir, die sich während des Schlafes schließen, besitzen jedoch außerdem noch ein zweites, inneres Lid, die sogenannte Nickhaut. Diese Haut gleitet alle drei bis vier Sekunden über das Auge und reinigt die Hornhaut von Schmutz und Staub. Da die Nickhaut durchsichtig ist, kann der Adler auch sehen, wenn sie das Auge bedeckt, wie auf diesem Foto.*

sonderlich geschickt. Die Trennung von Fleisch und Hautbedeckung, etwa Federn, Fell und Schuppen, wird dem Kropf überlassen, wo unverdauliche Teile mit Schleim zu einer Masse verarbeitet werden, die der Adler einige Stunden nach der Mahlzeit als „Speiballen" oder „Gewölle" auswürgt.

Federn und Knochen sind zwar unverdaulich, erfüllen aber dennoch eine wichtige Aufgabe. Die Klumpen, zu denen sie geformt werden, reinigen den Kropf, in dem bei anderen Gelegenheiten auch verdauliche Nahrung aufgenommen wird. Wenn ein Adler auf einen großen Kadaver stößt, kann er das Fleisch in seinem Kropf speichern, bis das Futter im Magen verdaut ist.

Tatsächlich kann man aus den Speiballen Rückschlüsse auf die Mahlzeit des Adlers ziehen. Anhand von Gewölleuntersuchungen im Umkreis eines Adlerhorstes konnten Wissenschaftler die Ernährungsgewohnheiten der Tiere ziemlich genau analysieren, wobei nun bekannt ist, warum der Fischanteil im Gewölle nur minimal ist, da die Überreste dieser Beutetiere meist verdaut werden.

Steinadler fressen am liebsten Kaninchen, doch wenn sie hungrig sind, geben sie sich mit fast jedem kleinen Säugetier zufrieden.

Die Lieblingsnahrung des Weißkopfseeadlers sind Fische. Eine vor kurzem durchgeführte Untersuchung von Horsten ergab, daß sich Adler, die in der Nähe des nordkalifornischen Pit Rivers nisteten, fast zu 90 Prozent von Fischen und nur zu zehn Prozent von Vögeln und Säugetieren ernährten. Die meisten Weißkopfseeadler fangen langsamere Fischarten wie etwa Sauger (Familie *Catostomidae*) oder Seewölfe, wobei sie die kleineren Exemplare bevorzugen. In Alaska und British Columbia versammeln sich Weißkopfseeadler oft zu Tausenden an Flußläufen und fressen manchmal wochenlang nur sterbende und tote Lachse.

Wenn es keine Fische zu fangen gibt, bilden Wasservögel die bevorzugte Nahrung der Weißkopfseeadler. Sie horsten daher häufig in der Nähe von Vogelkolonien, vor allem wenn es sich um

Bläßhühner, Enten, Seetaucher und Lappentaucher handelt. Wenn auch diese Beute knapp ist, gibt sich ein Weißkopfseeadler mit fast jedem Fleisch zufrieden, das er finden kann. Bei einer Untersuchung in Texas zeigte sich, daß dort Reptilien – in der Hauptsache Schildkröten mit weichen Panzern – etwa ein Drittel der Nahrung ausmachten.

Für einen Jäger besteht die beste Methode der Energieersparnis darin, überhaupt nicht zu jagen. Es ist nämlich viel einfacher, jemand anderem die Beute abzunehmen. Weißkopfseeadler sind für ihren Hang zum Nahrungsparasitismus bekannt. Zu ihren Lieblingsopfern gehören die Fischadler, mit denen sie oft ihre Fischgründe teilen. Für gewöhnlich wartet ein Weißkopfseeadler so lange, bis der Fischadler einen Fisch gefangen hat, und beginnt ihm dann nachzufliegen. Der Fischadler ist durch seine Beute stark beeinträchtigt und weiß sehr wohl, daß er einem Weißkopfseeadler nicht gewachsen ist, vor allem dann nicht, wenn er beide Fänge voll hat, und läßt daher früher oder später seine Beute fallen, um zu entkommen. Manchmal gelingt es dem Weißkopfseeadler, den Fisch noch zu greifen, bevor er ins Wasser fällt, doch ebenso oft mißlingt ihm dies, so daß der Fisch in den Fluten versinkt und beide Vögel leer ausgehen.

Auch Steinadler stehlen von anderen Greifvögeln, vor allem von Habichten und Falken.

Diese Art von Luftpiraterie mag vielleicht auf den ersten Blick nicht zum stolzen König der Lüfte passen, doch man darf nicht vergessen, daß allein der Mensch den Adler zu einem „königlichen“ Geschöpf gemacht hat. Der Adler hat nicht aufgrund seiner „Königswürde“ überlebt, sondern nur durch seine Anpassungsfähigkeit und das instinktive Wissen, wann er jagen muß und wann er besser seine Kräfte schonen sollte.

LINKS: *Notfalls können Adler wochenlang ohne Nahrung auskommen, doch wenn sie mehrere Tage lang nichts gefressen haben, läßt ihre Jagdfähigkeit so dramatisch nach, daß sie möglicherweise nicht mehr in der Lage sind, Beute zu machen. Wenn sie zufällig auf Futter stoßen, können sie in ihrem Kropf, einer Erweiterung der Speiseröhre, Futter speichern. Ein Adler mit einem gefüllten Kropf ist an der deutlichen Ausbuchtung am Hals zu erkennen.*

VORHERGEHENDE SEITE: *Obwohl Adler in fast allen Baumarten nisten und schlafen, geben sie meist besonders großen und alten Bäumen den Vorzug. Der Anblick eines Adlers, der sein Territorium hoch oben vom Horst oder von der Ansitzwarte aus überblickt oder einen vielleicht sogar anstarrt, wenn man ihn durch das Fernglas beobachtet, ist gleichzeitig beeindruckend und beunruhigend.*

RECHTS: *Steinadler haben in Gefangenschaft erstaunliche Gedächtnis- und Intelligenzleistungen gezeigt. Nachdem ein Steinadler gesehen hatte, wie jemand Futter unter einer von drei identisch aussehenden umgedrehten Schüsseln versteckt hatte, identifizierte er die Schüssel, unter der das Futter beim ersten Mal versteckt war, immer wieder richtig, selbst als man ihn über eine Stunde lang aus dem Zimmer entfernt hatte. Am Ende schien ihn der Test jedoch zu langweilen, und er drehte nur noch wahllos die Schüsseln um, bis er das Futter gefunden hatte.*

RECHTS AUSSEN: *Obwohl Weißkopfseeadler beim Fischen gelegentlich ins Wasser tauchen, benutzen sie meist die Fangmethode, die auf dieser dreiteiligen Bilderfolge zu sehen ist.*

ten Thar-
in eignet
so man-
erschwel-
bolik an.
on diesem
illusionä-
friedigen
me“ und
s Bedürf-
heit.
dem Zi-
rbundene
Bedeu-
welcher
icherheit.
garre mit
trument,
Qualmen
Halteritu-
icherheit
achtet, ist
auenhän-
ingt der
nehmen-
uen, son-
hmenden
h Trost

OBEN: *Sobald der Adler – manchmal aus beträchtlicher Entfernung – einen Fisch entdeckt, der in der Nähe der Oberfläche schwimmt oder treibt, nähert er sich der Beute im flachen Gleitflug und zieht den Fisch mit einem raschen Zupacken der Krallen aus dem Wasser.*

OBEN: *Im Gegensatz zu den Fischadlern tragen Weißkopfseeadler erbeutete Fische nicht in Flugrichtung.*

GEBURT IN SCHWINDELNDER HÖHE

DIE HEIKLE KUNST DER AUFZUCHT JUNGER ADLER

Der männliche Weißkopfseeadler schwebte an der Grenze seines Territoriums entlang, als er die schmale Silhouette eines anderen Adlers bemerkte, der parallel zu ihm flog. Er setzte zu einem weiten Bogen an, wohl wissend, daß er durch den Kontrast seiner mächtigen, dunklen Schwingen gegen den hellen Morgennebel die Aufmerksamkeit des anderen Vogels auf sich ziehen würde. Zu diesem Zeitpunkt war sein Flugspiel nur ein einfaches Signal, das besagte: „Hier bin ich!" Als er den ersten Kreis seiner Spirale schloß, sah das Männchen, wie der andere Adler sich ihm zuwandte.

Das Männchen zog weiter seine Kreise, wartete, bis der Eindringling näher gekommen war, und brach aus seiner Spirale aus, so daß beide Vögel wieder parallel zueinander flogen. Ganz langsam näherte sich das Männchen dem Weibchen, bis sich die Schwungfedern ihrer Flügel fast berührten. Das Männchen ließ sich leicht zur Seite abkippen und überstieg das Weibchen, das sich unter ihm auf den Rücken warf und ihm seine geballten Fänge entgegenstreckte. Dieses Schauspiel wiederholte sich mehrfach, das Weibchen reagierte auf jeden Stoßflug des Männchens mit einer Luftrolle, wobei sich ihre Fänge berührten und wieder lösten.

VORHERGEHENDE SEITE, LINKS:
Junge Weißkopfseeadler verhalten sich weit weniger aggressiv zueinander als Steinadlerküken, doch auch bei ihnen versucht das zuerst geschlüpfte Küken, die jüngeren Horstgeschwister zu dominieren, vor allem dann, wenn es sich bei dem Erstgeschlüpften um ein Weibchen und beim Zweitgeschlüpften um ein Männchen handelt. Weibliche Adlerküken sind bedeutend größer als ihre gleichaltrigen Brüder. Sollte ein Küken versuchen, das andere zu töten, greifen die Eltern nicht ein, um den „Geschwistermord" zu verhindern.

VORHERGEHENDE SEITE, RECHTS:
Bald nach der sechsten Lebenswoche sind Steinadlerküken so groß, daß sie ohne Gefahr allein gelassen werden können. Ein bis zwei Wochen später erreicht ihr Appetit seinen Höhepunkt, und beide Eltern müssen unablässig jagen, um sich und den Nachkömmling ausreichend mit Nahrung zu versorgen.

Wie bei erfahrenen Trapezkünstlern, die sich mit höchst subtilen Signalen verständigen, faßten beide Greife plötzlich gleichzeitig zu, überschlugen sich mit verhakten Fängen wie ein weiß-schwarz-gelbes „Riesenrad" und fielen schreiend in die Tiefe. Ihre Krallen lösten sich erst im allerletzten Moment, kurz über dem Erdboden, woraufhin die Tiere mit Leichtigkeit und Eleganz auseinanderschwebten und mit schweren Flügelschlägen emporstiegen, um erneut zu einem gefiederten, schwirrenden Rad zu verschmelzen.

Das „Riesenrad" des Weißkopfseeadlers ist ein atemberaubendes Schauspiel, das zu sehen nur wenigen Menschen vergönnt ist, doch es gibt bisher keinen Beweis dafür, daß es sich tatsächlich um ein Balzritual handelt. Einige Biologen glauben, daß die Lufttänze nichts mit dem Paarungsverhalten zu tun haben, sondern ritualisierte Kampfspiele sind, bei denen einer der Vögel sein Territorium gegen einen fremden Eindringling verteidigt. Die Frage wird wohl ungeklärt bleiben müssen, jedenfalls hat man diese Flugspiele bei verschiedenen Seeadlerarten beobachtet.

Der Balzflug des Steinadlers beginnt ziemlich ähnlich, entwickelt sich jedoch nie zu einem Rad. Statt dessen läßt sich das Männchen mehrfach nach unten fallen, taucht unter dem Weibchen her und steigt

LINKS: *Weißkopfseeadler beginnen ihren Balzflug, indem sie übereinander herfliegen. Der untere Vogel wirft sich dabei wiederholt auf den Rücken und streckt dem anderen seine Fänge entgegen. Nur selten kommt es zu dem berühmten „Riesenrad".*

wieder empor, ein Schauspiel, das man als Girlandenflug bezeichnet. Gelegentlich sind die Rollen auch vertauscht, oder beide Adler lassen sich gemeinsam nach unten fallen.

Obwohl Adler in einer Art Dauerehe leben, sind die Flugspiele als Vorspiel zur Paarung nötig und werden jedes Jahr wiederholt. Vielleicht wird dadurch die Partnerbindung verstärkt oder die Bereitschaft zur Verteidigung eines Territoriums demonstriert. Vielleicht will der Adler auf diese Weise auch nur sagen: „Daß ich treu bin, bedeutet noch lange nicht, daß du dir keine Mühe zu geben brauchst!"

Warum einige Adler nicht jedes Jahr brüten, weiß man nicht. Mit vier Jahren sind Weißkopfseeadler normalerweise geschlechstreif und in der Lage, jedes Jahr Nachwuchs zu zeugen, doch einige ausgewachsene Tiere scheinen dies nicht zu tun, auch wenn sie sich verpaart haben. Dieses Phänomen gehört zu den komplexen „Entscheidungen", die bei Weißkopfseeadlern anscheinend triebgesteuert sind, und hängt möglicherweise von Faktoren wie Wetter, Horstmöglichkeiten und Nahrungsangebot ab. Eine genaue Auswertung der Bestände während der 80er Jahre ergab, daß im Südosten Alaskas in bestimmten Jahren bis zu 86 Prozent der ausgewachsenen Vögel nicht brüteten.

Nur Tiere, die lange leben, können sich den Luxus leisten, sich nicht jedes Jahr fortzupflanzen. Da Adler in freier Wildbahn bis zu 30 Jahre alt werden können, bleiben ihnen viele Jahre, um das einzige Küken aufzuziehen, das nötig ist, um ihr genetisches Erbmaterial zu sichern. Auch wenn nur wenige Junge, die von den Adlereltern großgezogen werden, ein so hohes Alter erreichen, muß die Krafteinsparung durch Nichtbrüten in bestimmten Jahren als effektive Fortpflanzungsstrategie im langen Leben der Tiere angesehen werden.

Das Brutgeschäft ist noch aufwendiger und energieverzehrender als das Jagen – besonders für eine Spezies, die sich so aufopfernd um ihre Jungen kümmert wie die Adler. Wenn erst einmal ein Gelege

RECHTS: *Einer der Adler hat einen Lachs erbeutet, und die anderen versuchen, ihm den Fisch abzujagen. Überall wo sich Weißkopfseeadler versammeln, ist „Piraterie" an der Tagesordnung. Diese Kämpfe scheinen zwar unwirtschaftlich, da die Angriffe auf Nahrungskonkurrenten mehr Energie verbrauchen als die Jagd auf Beute, vor allem dann, wenn es Nahrung im Überfluß gibt. Doch Adler greifen mit Bedacht nur kleinere Konkurrenten an, wenn sie auf „Schnabelraub" aus sind, woraufhin das Opfer dem Angreifer normalerweise kampflos seine Beute überläßt.*

VORHERGEHENDE SEITE: *Auf Adak Island, einer Insel, die zu den Aleuten gehört, leben mehrere hundert Weißkopfseeadler, obwohl sie ihren Lebensraum mit einem amerikanischen Marinestützpunkt und einer Handvoll Zivilisten teilen müssen. Die Insel ist als Nistplatz sehr beliebt, weil es dort so gut wie keine Nesträuber gibt, und die Müllhalde des Stützpunktes bietet der Adlerpopulation eine zusätzliche Nahrungsquelle.*

von ein bis drei Eiern produziert worden ist – meist sind es zwei – dauert die Brutzeit bei Weißkopfseeadlern 33 bis 36 Tage, bei Steinadlern sogar bis zu 44 Tagen. Für gewöhnlich bleiben die Jungen beider Arten noch weitere zehn bis elf Wochen im Nest. Rechnet man die Balz und den aufwendigen Horstbau hinzu, dauert das ganze Unterfangen fast ein halbes Jahr.

Wenn Steinadler beschließen, in einem bestimmten Jahr nicht zu brüten, richtet sich diese Entscheidung wahrscheinlich nach der Verfügbarkeit ihrer Vorzugsbeute, Kaninchen und Hasen. Kaninchenpopulationen verlaufen zyklisch. In mageren Jahren wissen die Adlereltern vielleicht, daß es nicht genug Nahrung gibt, um ein Junges aufzuziehen, das schnell wächst und als Nesthocker mehr Futter benötigt als jedes andere Küken in Nordamerika.

Der Horst des Weißkopfseeadlers gehört zu den beeindruckendsten Konstruktionen, die ein Tier überhaupt bauen kann, und wird wahrscheinlich an Kunstfertigkeit nur noch von einem Biberdamm oder einem afrikanischen Termitenbau übertroffen. Im Spätwinter (nur in Florida nisten Weißkopfseeadler bereits im November und Dezember) beginnen die Eltern, Äste und Zweige zu sammeln und zu einem riesigen kelch-, teller- oder schüsselförmigen Nest zu verarbeiten, je nach Winkel der Baumäste, auf denen der Horst errichtet wird. Adler benutzen Jahr für Jahr denselben Horst, stocken ihn jedoch bei jeder neuen Brut auf. Ein Weißkopfseeadlerhorst in Nordkalifornien wies am Ende einen Querschnitt von 2,5 Metern und eine Höhe von 3,6 Metern auf. Das Gewicht dieses Horstes betrug schätzungsweise zwei Tonnen.

Einige Horste sind so riesig, daß andere Tiere – von Singvögeln bis zu Stachelschweinen – sogar unbemerkt von den Architekten die unteren Stockwerke bewohnen können.

Der Horstbau ist ein fester Bestandteil im Verhaltensrepertoire eines Adlerpaares. Warum die Horstanlagen allerdings so riesig sind, konnte bisher nicht geklärt werden. In manchen Fällen wirkt sich die

Vier Formen eines Adlerhorstes

zylinderförmig *schüsselförmig* *kelchförmig* *tellerförmig*

enorme Größe sogar schädlich auf das Brutgeschäft aus. Während eines Sturms kann es nämlich durchaus passieren, daß der gesamte Horst oder sogar der Nistbaum zu Boden kracht. Hat die Eiablage bereits stattgefunden, ist es für dieses Jahr mit dem Brüten vorbei. Im Laufe der Jahre bauen Adler unter Umständen mehrere Wechselhorste in ihrem Territorium, benutzen sie allerdings nie gleichzeitig.

Das Schmücken des oberen Horstrandes mit grünen Zweigen und Ästen soll möglicherweise anderen Adlern signalisieren, daß der Horst bewohnt ist, wenn sich die Altvögel auf Jagd befinden.

Wissenschaftler haben genaue Studien über die bevorzugten Horstbäume von Weißkopfseeadlern angestellt. Die Vögel wählen meist den größten Baum im Umkreis, wobei es keine Rolle spielt, ob es sich um einen Nadel- oder Laubbaum handelt. Für gewöhnlich errichten sie den Horst auf einer stabilen Astgabel, wo er sich von den Eltern mühelos erreichen läßt, wenn sie schwerbeladen mit Fisch oder Fleisch für den Nestling zum Horst zurückkehren. Der ausgewählte Baum kann abgestorben oder lebendig sein, ist jedoch selten mehr als eineinhalb Kilometer von einem offenen Gewässer entfernt. Die Nähe zu Wasser ist für das Brutverhalten des Weißkopfseeadlers unbedingt notwendig. In allen anderen Punkten zeigt er sich ziemlich anpassungsfähig. Unter den extremen Bedingungen in ihrem nördlichen Verbreitungsraum, wo es kaum Bäume gibt, können Weißkopfseeadler sogar auf dem Boden nisten und tun dies auch beispielsweise auf Inseln oder einzelnen Felsen im Meer, auf denen keine anderen Landtiere leben.

Steinadler bauen ebenfalls Horste aus Ästen und Zweigen und verarbeiten darin gelegentlich sogar die Knochen von Beutetieren. Sie haben kleinere Horste als die Weißkopfseeadler und bauen zudem am liebsten auf Felsvorsprüngen, nisten aber gelegentlich auch auf Bäumen. Beide Arten errichten zunächst eine feste Plattform, auf der sie aus kleineren Zweigen eine Horstmulde konstruieren, die mit Moos, Gras oder Federn ausgepolstert wird.

LINKS: *Die Form eines Adlerhorstes wird hauptsächlich von der Form der Astgabel bestimmt, auf der gebaut werden soll. In tiefen, fast vertikalen Astgabeln konstruieren die Vögel ein zylinder- oder kelchförmiges Nest. Nester, die auf dem Boden oder auf flachen Ästen gebaut werden, sind tellerförmig. Schüsselförmige Nester findet man dort, wo die Haupttäste in zahlreiche kleinere, nach oben wachsende Äste übergehen.*

RECHTS: *Dieser riesige Horst ist im Lauf von mehreren Jahrzehnten entstanden, indem jedes Jahr wenigstens ein nistendes Paar hierher zurückkehrte. Ein aufgegebener Horst kann durchaus von einem anderen Paar übernommen werden. Dieser Steinadlerhorst liegt in der Nähe des Polarmeeres im äußersten Norden des Verbreitungsgebietes. Adler stocken ihre Horste jedes Jahr auf. Dieser Horst erreicht wahrscheinlich schon bald den oberen Rand der Felsenwand und verliert damit seine ursprüngliche, schützende Funktion.*

RECHTS AUSSEN: *Obwohl Weißkopfseeadlereltern sich im allgemeinen bei der Bebrütung der Eier und der Fütterung der Nachkömmlinge helfen, verbringt oft das Weibchen die meiste Zeit im Nest. Wenn beide Eltern brüten, kann die Ablösung ziemlich angespannt verlaufen. Manchmal muß der brütende Partner mit einem Bettelruf um Erleichterung bitten, es kann aber auch vorkommen, daß der brütende Partner sich nur höchst unwillig von den Eiern oder Jungen trennt und regelrecht aus dem Nest geschoben werden muß.*

Verglichen mit dem beeindruckenden Balzflug ist die Kopulation der Adler nicht sonderlich spektakulär. Anscheinend wird das Weibchen stimuliert, wenn es dem Männchen beim Horstbau zusieht. Es duckt sich mit gespreizten Flügeln flach hin und ruft nach dem Männchen, das schließlich aufspringt und mit flügelschlagender Balance die Begattung vollzieht. Das Weibchen hebt dabei leicht den gefächerten Stoß und präsentiert dem Partner die Kloake, woraufhin das Männchen seinen Stoß nach unten zieht und das Weibchen begattet. Danach schreit das Weibchen und verfällt in eine kurze Apathie. Man nimmt an, daß diese Ruhephase nötig ist, damit der Samen des Männchens die Eier befruchten kann.

Fünf bis zehn Tage nach der erfolgreichen Begattung legt das Weibchen ein Ei von der Größe eines Gänseeis – erstaunlich klein für so große Elternvögel. Einige Tage später legt es ein zweites Ei. Das Brüten beginnt bereits beim ersten Ei und wird größtenteils vom Weibchen übernommen. Steinadlermännchen helfen selten beim Brüten. Weißkopfseeadlerväter sind in dieser Hinsicht aktiver, auch wenn sie die widerstrebende Partnerin manchmal mit sanfter Gewalt vom Gelege vertreiben müssen, wenn sie mit Brüten an der Reihe sind. Dies ist nicht weiter verwunderlich, wenn man bedenkt, wie sorgsam Weißkopfseeadler mit ihrer Energie haushalten müssen. Wahrscheinlich wird selbst dem verliebtesten Adler nach ein oder zwei Jagdausflügen klar, daß es bedeutend bequemer ist, auf den Eiern im Nest zu hocken, als für zwei ausgewachsene Adler Futter zu beschaffen.

Es hat bei beiden Adlerarten schon Fälle gegeben, wo drei Altvögel an einem Horst gesehen wurden, wobei jedoch nicht festgestellt werden konnte, ob es sich bei dem dritten „Familienmitglied" um ein Männchen oder Weibchen handelte.

In den meisten Fällen brütet die Mutter und wendet die Eier stündlich mit ihrem Hakenschnabel. Während des Brütens entwickeln weibliche Adler eine kahle Stelle am unteren Ende der Brust, den

LINKS: *Gelegentlich sieht man Weißkopfseeadlerpaare, die sich in der Luft mit verhakten Fängen überschlagen („Whirling"). Die meisten Biologen halten dieses Flugspiel für eine Art Balzritual, doch es könnte auch ein ritualisierter Kampf sein, bei dem das ortsansässige Tier sein Revier gegen einen Eindringling verteidigt. Es ist schon schwer das Geschlecht eines Adlers zu bestimmen, der unbeweglich auf einem Baum sitzt. Bei zwei Adlern, die radschlagend in die Tiefe stürzen, ist dies völlig unmöglich, so daß die Frage wohl unbeantwortet bleiben wird. Vielleicht wissen es ja auch die Adler erst, wenn sie sich gemeinsam überschlagen. Jedenfalls kopulieren Adler nie in der Luft, auch wenn dies immer wieder behauptet wird.*

RECHTS: *Auf der Halbinsel von Alaska, wo es kaum Bäume gibt, sind die Horste der Weißkopfseeadler lange nicht so imposant wie die Konstruktionen ihrer Artgenossen in anderen Gegenden. Doch was der Insel an Nistmaterial fehlt, wird durch das reichliche Nahrungsangebot mehr als wettgemacht. Vom großen Fischreichtum dieser Gegend profitieren auch riesige Seevögelkolonien. Die Dreizehenmöwen auf diesem Foto scheinen regelrecht darauf zu warten, den hungrigen Jungadlern als Mahlzeit serviert zu werden.*

sogenannten Brutfleck. Da Federn äußerst wirksam isolieren, ist es besser, wenn zwischen dem warmen Körper der Mutter und den Eiern keine zusätzliche Isolierschicht vorhanden ist. Der Brutfleck ist sehr gut durchblutet und ermöglicht dem ausgewachsenen Vogel, seine Körperwärme besser an die Eier abzugeben. Bei Weißkopfseeadlern entwickelt das Männchen ebenfalls einen Brutfleck.

Während der Brutzeit trägt der Weißkopfseeadlervater regelmäßig grüne Koniferenzweige herbei und schmückt damit den Horstrand. Niemand weiß, warum er dies tut. Es gibt verschiedene Theorien für dieses Verhalten – vielleicht handelt es sich um eine Hygienemaßnahme, vielleicht sollen die Zweige den fast ausgebrüteten Eiern Schatten spenden. Richtig überzeugend ist keiner dieser Erklärungsversuche.

Während der Brutzeit bleibt ein Elternteil immer im Horst, um die Eier zu wärmen und vor Räubern zu schützen. Eichhörnchen, Raben und Möwen können die Schalen zerbrechen und das Innere der Eier verzehren, wenn sich ihnen die Gelegenheit dazu bietet. Besonders Raben belästigen oft die brütenden Eltern. Was sie sich davon versprechen, weiß man nicht, vielleicht stören sie die Adler auch nur, um sie zu veranlassen, den Horst von den Resten ihrer Mahlzeiten zu reinigen, was diese regelmäßig tun, um den Horst sauber zu halten.

Bis vor kurzem waren Adlereier noch von einer sehr viel größeren, unsichtbaren Gefahr bedroht. Es ist noch nicht lange her, daß die Brutzeit die gefährlichste Zeit im Leben eines Adlers darstellte – besonders der Weißkopfseeadlerembryo war hochgefährdet. Inzwischen kennt man den Grund. Gegen Ende des Zweiten Weltkrieges wurde in Nordamerika das Pestizid DDT eingeführt und schien zunächst wie ein wahres Wundermittel zu wirken. Es vernichtete die Insekten, die sich von Getreide und Bäumen ernährten, und war dabei für die Menschen, die es in immensen Mengen auf ihr Land versprühten, relativ ungiftig.

Der größte Teil des DDT wurde vom Regen in die Bewässerungskanäle gespült und gelangte von dort in die Körper von Insektenlarven und anderen kleinen Wasserorganismen.

Die Insekten wurden von Fischen gefressen, die Fische wiederum von Adlern.

Jedesmal, wenn ein Tier ein anderes frißt, nimmt es auch die Pestizide mit in sich auf, die im Körper des anderen Lebewesens konzentriert sind. Adler stehen am Ende einer langen Nahrungskette – einer ganzen Reihe von Tieren, die andere Tiere fressen – und die Konzentrationen in ihrem Blut und ihren Gefäßen waren bedenklich hoch.

Sobald DDT in den Blutkreislauf eines Vogels gelangt, stört es die Kalziumbildung bei der Entwicklung der Eischalen. Adler, die nicht an einer DDT-Vergiftung starben, legten Eier mit sehr dünnwandigen Schalen, die von den brütenden Eltern zerbrochen wurden, so daß die Küken gar nicht erst schlüpften. Das Problem wurde in Florida bereits in den 50er Jahren erkannt, als dort die Weißkopfseeadlerbestände drastisch abnahmen. Den Populationen in den übrigen nordamerikanischen Staaten ging es nicht anders. 1963 gab es in den Festlandstaaten der USA nur noch 417 brütende Weißkopfseeadlerpaare.

Im Küstenbereich von British Columbia und in Alaska, wo Klima und Bodenbeschaffenheit weniger zum Anbau von Feldfrüchten geeignet sind und daher auch weniger Pestizide versprüht werden, entgingen die Weißkopfseeadler diesem Schicksal. Steinadler waren übrigens weniger stark betroffen, weil das Gift in ihren Beutetieren nicht so stark konzentriert war. Die Nahrungskette, an deren Ende der Steinadler steht, weist weniger Verbindungsglieder auf als die des Weißkopfseeadlers, da seine Beutetiere Pflanzenfresser sind, vor allem Kaninchen, die sich von Gras und Blättern ernähren.

Den Steinadlern drohte eine ganz andere, direktere Gefahr: Sie wurden gezielt bejagt. Man war schon seit langem davon überzeugt, daß sie es auf die Nutztiere des Menschen abgesehen hatten, und

LINKS: *Merkwürdigerweise wachsen Adlerküken, die sich den Horst mit ein oder zwei Geschwistern teilen müssen, sehr viel schneller als „Einzelkinder", obwohl sie weniger Futter bekommen. Biologen vermuten, daß Adlerküken automatisch schneller wachsen, wenn sie sich gegen Nahrungskonkurrenten behaupten müssen. Wahrscheinlich könnte ein klein gebliebenes Küken nicht überleben, weil seine Horstgeschwister es so sehr unterdrücken würden, so daß es verhungern müßte.*

VORHERGEHENDE SEITE: *Man hat beobachtet, daß Weißkopfseeadler in Cumuluswolken flogen und mitunter minutenlang darin verschwanden. Vielleicht gibt es dort starke Aufwinde, die sie noch schneller in die Höhe tragen als die Thermikschläuche, die sie sonst nutzen.*

RECHTS: *Adler füttern ihre Jungen, indem sie mit dem Schnabel Fleischstücke aus der Beute reißen. Während sie bei den Jungadlern im Horst sind, ballen die Eltern ihre Fänge, um ungewollte Verletzungen der Brut zu vermeiden.*

in der ersten Hälfte dieses Jahrhunderts begannen Rancher und Farmer in den Vereinigten Staaten damit, die Vögel systematisch auszurotten. Allein in Texas wurden zwischen 1942 und 1962 an die 20 000 Steinadler abgeschossen – viele durch Scharfschützen von Flugzeugen aus. Zwischen 1917 und 1952 wurden in Alaska sogar Abschußprämien gezahlt, so daß während dieser Zeit mehr als 130 000 Adler, in der Hauptsache Weißkopfseeadler, abgeschossen wurden. Diese Zahl entspricht im großen und ganzen der heutigen Gesamtpopulationszahl beider Arten in Nordamerika.

In Kanada wurde DDT 1970 verboten, zwei Jahre später auch in den Vereinigten Staaten. 1973 wurde in den Vereinigten Staaten ein Gesetz zum Schutz bedrohter Tierarten verabschiedet, zu denen bald auch der Weißkopfseeadler zählte. Als der Regen das DDT allmählich aus dem Ökosystem gespült hatte und die systematische Ausrottung der Tiere aufhörte, begannen die Adlerpopulationen sich langsam zu erholen. 1993 gab es wieder mehr als 4000 brütende Weißkopfseeadlerpaare in den Festlandstaaten der USA. Ein Jahr später konnte die Art in den USA – mit Ausnahme des trockenen Südwestens – aus der Liste der vom Aussterben bedrohten Tierarten gestrichen werden. Heute gilt sie überall sonst „nur" als gefährdet.

Inzwischen werden beide Adlerarten und ihre Horstbäume in den Provinzen Kanadas und den Staaten der USA durch strenge Gesetze geschützt. Es ist verboten, Adler zu bejagen, ihre Horste zu zerstören und ihre Eier oder Küken zu rauben. Und obwohl die Schalen immer noch etwa acht bis zehn Prozent dünner sind als vor 1947, als man damit begann, massenhaft DDT zu versprühen, scheinen sich die Populationen allmählich wieder zu stabilisieren.

Wenn die Eier die Brutperiode heil überstehen, hören die Eltern nach fünf bis sechs Wochen zum ersten Mal die Stimmen der Küken, die in den Eiern zu piepen beginnen, während sie sich über mehrere Stunden oder sogar Tage durch die Schale nach außen kämpfen. Wenn sie schlüpfen,

RECHTS: *Mit drei bis vier Wochen trägt dieser junge Weißkopfseeadler bereits sein zweites, graues Dunenkleid. Ungefähr zwei Wochen später beginnt das schwarze Jugendgefieder zu sprießen. Die Dunenfedern bieten zwar einen hervorragenden Isolierschutz, eignen sich jedoch nicht zum Fliegen und müssen daher durch das schwarze Jugendgefieder ersetzt werden, bevor das Adlerjunge seinen ersten Flugversuch unternehmen kann, was für gewöhnlich etwa zehn bis 13 Wochen nach dem Schlüpfen geschieht.*

VORHERGEHENDE SEITE: *Dieser Adler „mantelt" – er schirmt seine Beute mit den Flügeln ab. Warum er dies tut, weiß man noch nicht genau, vielleicht signalisiert er damit anderen Adlern, daß er nicht gewillt ist, seine Beute, in diesem Fall ein Kaninchen, zu teilen. Vielleicht sollen die ausgebreiteten Flügel auch verhindern, daß andere Adler das Blut des Opfers sehen, da dies oft als Schlüsselreiz das Stehlen der Beute auslöst.*

sind sie genauso hilflos wie viele andere Nestlinge und kaum in der Lage, ihre großen Köpfe zu heben.

Doch schon innerhalb des ersten Tages lernen sie zu fressen. Die Eltern – in den meisten Fällen der Vater – bringen den Nestlingen ganze Beutetiere zum Horst, die dann von der Mutter in schnabelgerechte Bissen zerkleinert werden. Alle vier bis fünf Stunden bietet sie den Jungen die Fleischstücke mit dem Schnabel an. Wissenschaftler haben zwar beobachtet, daß die Eltern gelegentlich auch den Inhalt ihres Kropfes oder Magens auswürgten, doch dies scheint eher selten zu sein. Meist wird das Futter mit einem Sekret aus den Nasenlöchern der Elternvögel umhüllt, das wahrscheinlich der Verdauung der Küken zuträglich ist oder das Futter einfach nur schmackhafter machen soll.

Die erste Woche nach dem Schlüpfen ist für Steinadlerküken eine ziemlich gefährliche Zeit – besonders für das Küken, das als zweites geschlüpft ist. Das ältere Geschwister versucht meist, den schwächeren Nahrungskonkurrenten zu töten, indem es unablässig nach ihm hackt. Je später das zweite Küken geschlüpft ist, desto schlechter stehen seine Chancen. In 50 bis 80 Prozent der Fälle überlebt nur eines von zwei geschlüpften Küken die ersten beiden Wochen. Bei Weißkopfseeadlern ist dieser Geschwistermord, der sogenannte „Kainismus", allerdings viel seltener, und wenn zwei Küken schlüpfen, erreichen meist beide das Ästlingsalter.

Adlerküken wachsen genauso schnell wie andere Jungvögel in Nordamerika. In der Anfangszeit ihrer Entwicklung nimmt ihr Körpergewicht alle vier bis fünf Tage um ein halbes Kilo zu. Mit ungefähr zwei Wochen sind sie bereits stark genug, um bei der Atzung den Kopf hochzuhalten.

Wenn sie nicht gefüttert werden, verbringen die Adlerjungen ihre Zeit damit, auf ihrem Stoß zu stehen oder im Horst zu liegen und entweder zu hecheln oder sich zu sonnen, um so ihre Körpertemperatur zu regulieren. Zu diesem Zeitpunkt tragen sie immer noch ihr graues Dunenkleid.

Im Alter von drei Wochen sind sie bereits 30 Zentimeter groß, und ihre Füße und Schnäbel haben schon fast ihre endgültige Größe erreicht, was die Küken nicht gerade hübsch erscheinen läßt. Sie sehen ein bißchen aus wie übergroße Hühner, ihre Füße sind riesengroß und gelb, und die Krallen beginnen bereits an den Enden durchzubrechen. In dieser Zeit beginnen die Nestlinge auch, ihr graues Dunenkleid mit dem schwarzen Jugendgefieder zu vertauschen. Wenn die braunen Federn zu sprießen beginnen, müssen sie mit der Pflege ihres Gefieders beginnen, und die kleinen Adler verbringen mehr und mehr Zeit mit dieser Beschäftigung.

Irgendwann im Alter von vier bis fünf Wochen sind die Vögel in der Lage zu stehen und beginnen damit, ihr Futter selbst zu zerreißen und ihr Nest zu erforschen, das sich jetzt in einen Spielplatz verwandelt. Die Nestlinge toben anscheinend aus purer Lebensfreude im Horst herum und benutzen sogar Spielzeug. Man hat beobachtet, wie sie Blätter, Stöckchen und sogar Überreste ihrer Nahrung – Fellstückchen und Knochen – mit dem Schnabel packten, hin und her warfen oder mit ihren Horstgeschwistern um die Wette daran herumzerrten. Adlerkindern ist es offenbar nicht verboten, mit dem Essen zu spielen.

Mit sechs Wochen sind die Adlerjungen fast schon so groß wie ihre Eltern, die inzwischen mehr und mehr Zeit außerhalb des Horstes verbringen – einerseits, weil den Jungen nun weniger Gefahr von Raben oder Möwen droht, andererseits, weil es immer schwieriger wird, den heranwachsenden Nachwuchs angemessen mit Nahrung zu versorgen. Auch wenn sie nicht jagen, beginnen die Eltern jetzt, sich immer öfter auf nahegelegenen Bäumen niederzulassen.

Wenn die Jungvögel acht Wochen alt sind, haben sie einen derart großen Appetit entwickelt, daß sie kaum noch zufriedenzustellen sind. Während die Eltern fast unablässig jagen, um sie zu versorgen, beginnen die Jungen im Horst, bei Windböen ihre Flügel auszubreiten und kleine Flattersprünge

LINKS: *Adler mausern sich nicht so ausgiebig und lange wie andere Vögel. Bei ihnen werden im Laufe eines halben Jahres einzelne Federpartien durch neue Federn ersetzt, wobei dieser Prozeß am Kopf beginnt und sich dann langsam über den Körper ausbreitet. Während einer Mauser werden nicht alle Federn ersetzt. Bis der Vogel völlig ausgewachsen ist, sind die einzelnen Federpartien daher manchmal verschieden gefärbt, so daß das Federkleid eines Jungadlers ziemlich unregelmäßig und scheckig aussehen kann.*

RECHTS: *Nur neun Wochen nach dem Schlüpfen sind die Jungadler schon genauso groß wie ihre Eltern. Adler zählen zu den größten Vögeln Nordamerikas. Obwohl sie weniger wiegen, wirken die gerade flügge gewordenen Jungen aufgrund der längeren Federn manchmal größer als ihre Eltern. Man nimmt an, daß den noch unerfahrenen Vögel dadurch das Fliegen erleichtert wird. Dieser Adler wagt wahrscheinlich seinen ersten Ausflug, wenn sich seine Eltern vom Horst entfernt haben, um zu jagen.*

RECHTS: *Adler leben zwar in Dauerehe, doch der linke Partner sieht ganz so aus, als würde er sich ernsthaft mit Scheidungsabsichten tragen.*

zu machen. Doch ihre Schwungfedern sind noch nicht lang genug zum Fliegen. Im Wachstumsstadium sind die Federkiele mit Blut gefüllt, erst wenn dies nicht mehr der Fall ist und sie an den Knochen festgewachsen sind, sind sie stark genug, um den Adlerkörper im Flug zu tragen.

Ungefähr zehn Wochen nach dem Schlüpfen wagen die Jungadler ihre ersten Flugversuche – meist landen sie dabei auf einem Ast oder einem Baum ganz in der Nähe. Manchmal müssen sie von den Eltern regelrecht dazu gezwungen werden, beispielsweise, indem sie aufhören, das Futter direkt zum Horst zu tragen, und statt dessen einen Ast anfliegen, auf den ihnen das Junge auf seinem ersten Ausflug folgen soll.

Während der nächsten vier oder fünf Wochen halten sich die Jungvögel in Horstnähe auf und unternehmen kurze Flüge, während ihre Schwungfedern allmählich wachsen und stärker werden, doch auch jetzt sind sie immer noch völlig abhängig von der Fütterung durch die Eltern.

Äußerlich sehen die Jungadler ihren Eltern schon sehr ähnlich, sie sind nur unterschiedlich gefärbt und verhalten sich völlig anders als die Altvögel. Sie sind noch gänzlich unerfahren, was das Leben außerhalb des Horstes angeht, und müssen vor allem erst lernen zu jagen. Dazu bleibt ihnen nur die kurze Zeit bis zum Ende des Sommers. Danach steht ihnen schon bald der Winter bevor – die gefährlichste und schwierigste Zeit im Leben eines Adlers.

DER EIGENE HORST

EIN JUNGADLER EROBERT DIE WELT

Nachdem ein Jungadler flügge geworden ist, bleibt er mehrere Wochen lang in der Nähe des elterlichen Horstes und übt sich im Fliegen und Jagen. Da er seinen Flug stark verlangsamen muß, wenn er ein Ziel anfliegt, fällt dem unerfahrenen Vogel die richtige Landung auf den Ästen besonders schwer. Auch die Jagd wird nach dem Prinzip von Versuch und Irrtum erlernt. Da die Eltern ihrem Sprößling nicht mitteilen können, wie man am besten jagt, muß er sie bei der Jagd beobachten und versuchen, sie nachzuahmen, und dabei aus seinen Fehlern lernen. Während dieser Zeit scheinen die Jungvögel mehr Zeit damit zu verbringen, ihre potentielle Beute genau zu beobachten als sie zu attackieren.

Während des nächsten Monats lassen sie sich zwar weiterhin von den Eltern füttern, haben aber sonst wenig Kontakt zu ihnen. Sie lernen jetzt, aufzusteigen und nach Beute Ausschau zu halten.

Sechs bis neun Wochen nach dem Flüggewerden verlassen die Jungadler das Horstgebiet. Man hat beobachtet, wie Steinadlerväter ihren Nachwuchs auf den ersten weiteren Flügen begleiteten, sogar mehrere Wochen bei ihnen blieben und erst dann wieder zum Weibchen zurückkehrten. Falls die Jungen versuchen, mit in das alte Horstgebiet zurückzufliegen, kann es geschehen, daß die Eltern ihre unselbständigen Kinder wie fremde Eindringlinge behandeln.

VORHERGEHENDE SEITE, LINKS:
Die breiten Schwingen des Adlers sind wie geschaffen für die geschickte Ausnützung thermischer Aufwinde, die durch die unregelmäßige Erwärmung des Erdbodens entstehen. Der Adler läßt sich von diesen Strömungen in einer flachen, nach oben zulaufenden Spirale emportragen und segelt mühelos weiter bis zur nächsten Thermik. Auf diese Weise vermeidet er jeden unnötigen Kraftaufwand.

VORHERGEHENDE SEITE, RECHTS:
Im Jahre 1782 wurde der Weißkopfseeadler in den USA zum Nationalsymbol erklärt. Dennoch setzte man in Alaska, Wyoming, Texas und Kalifornien auch danach noch alles daran, Steinadler gezielt auszurotten – hauptsächlich, um die Rancher zufriedenzustellen, die in dem Vogel eine Bedrohung ihrer Herden sahen. Mit den Steinadlern wurden auch Tausende von Weißkopfseeadlern abgeschossen. Die Zahl der durch diese staatlichen Ausrottungsprogramme getöteten Adler übersteigt den heutigen Gesamtbestand beider Arten in Nordamerika.

Manche Adler sind Standvögel, andere wandern ab – diejenigen, die fortziehen, weisen eines der komplexesten Wandermuster aller nordamerikanischen Vögel auf und konnten mit Hilfe von Farbmarkierungen, Beringung oder Telemetrie verfolgt werden. Bei ihren Zügen fliegen Adler tagsüber mit einer Geschwindigkeit von durchschnittlich 50 Kilometern pro Stunde. Man nimmt an, daß sie die aufsteigende Thermik nutzen – Luftschläuche, die sich bilden, wenn Felsen oder der Erdboden von der Sonne erwärmt werden. Mit Hilfe der Thermik können Adler mühelos himmelwärts gleiten und sehr hoch emporsteigen. Dann gleiten sie aus der Thermik heraus und segeln solange wie möglich in Richtung ihres Migrationsziels, wobei sie langsam an Höhe verlieren, bis sie schließlich einen neuen Thermikschlauch finden.

Im allgemeinen folgen Adler bei ihren Wanderungen ihren saisonalen Beutetieren. Wenn sich in Alaska und British Columbia der Winter ankündigt und Eis die Flüsse und Seen überzieht, müssen die Weißkopfseeadler, die in dieser Region leben, entweder nach Süden zu offenen Frischwassergebieten oder hinüber zur Küste ziehen. In Zentralkanada ziehen Weißkopfseeadler im allgemeinen im Herbst in die südlichen oder mittleren Staaten der USA. Im Spätwinter kehren sie in die Präriegebiete zurück.

LINKS: *Nach dem Flüggewerden bleiben die Jungadler oft bis zum Winter in der Nähe des elterlichen Horstes und werden weiter von den Eltern gefüttert. Der Jagdinstinkt ist den Jungadlern angeboren, doch es fehlt ihnen an Erfahrung und Geschick. Wenn im Winter das Futter knapp wird, droht ihnen der Hungertod.*

RECHTS: *Die sprichwörtliche Sehschärfe des Adlers ist auf die Größe und Form seines Auges zurückzuführen. Es ist rund wie das menschliche Auge und fast ebenso groß. Im Vergleich zum Schädel sind die Augen allerdings so groß, daß nur wenig Platz für die Muskeln vorhanden ist, die nötig wären, um es in der Augenhöhle so zu bewegen wie unser Auge. Adler bewegen daher den ganzen Kopf, wenn sie umherschauen.*

Adler, die aus der Nähe der Großen Seen stammen, überwintern an den Ufern des Mississippi in Missouri und Illinois und kehren im Sommer nach Norden zurück. In Florida ziehen viele junge Weißkopfseeadler nach Norden in die Neuenglandstaaten oder die Küstengebiete Kanadas, die bis zu 2000 Kilometer entfernt liegen. Ausgewachsene Weißkopfseeadler bleiben meist in Florida. Wer an einem Ort lebt, an dem es niemals Winter wird, hat keinen Grund, weit fortzufliegen, um nach Beute zu suchen.

Auch Steinadler folgen ihren Beutetieren. Im Frühling und Sommer horsten Steinadler fast überall in Kanada, außer auf den arktischen Inseln im extremen Norden und Neufundland im Osten. Die Tundren und Kiefernwälder der Northwest Territories und des Yukon Territory bieten während der Sommermonate Nahrung in Hülle und Fülle, und Adler können nach Herzenslust Kaninchen, Murmeltiere und Erdhörnchen jagen. Auch Alaska ist ein beliebtes Horstgebiet für Steinadler.

Im Winter ziehen viele Vögel nach Süden, im Westen bis hinunter zur Baja-Halbinsel, im Osten bis nach North Carolina. In den abgelegenen Bergregionen im Westen der USA, in Nordmexiko und im zentralen Grasland in der Mitte des Erdteils lebt eine große Adlerpopulation, die nicht fortzieht – obwohl Vögel, die hoch oben in den Bergen leben, bei Anbruch des Winters in tiefergelegene Gebiete abwandern.

Die Zugrouten verlaufen nicht immer in geschlossenen Kreisen. Viele Jungadler unternehmen während der ersten Lebensjahre sehr weite Wanderungen. Einige wenige kehren am Ende wieder in das Gebiet zurück, in dem sie geboren wurden, die meisten jedoch suchen sich eine neue Heimat, die weit von ihrem Herkunftsgebiet entfernt liegt. Ob dieses Verhalten instinktbedingt ist oder auf irgendeiner Art von „Entscheidung“ beruht, ist nicht bekannt. Vielleicht hat sich der Jungadler auch nur verirrt und vom Wind in unbekannte Gefilde tragen lassen, doch das weiß nur er allein.

LINKS: *Die Versammlungen der Weißkopfseeadler bringen viele Vorteile für die Tiere mit sich, besonders aber für die jüngeren, unerfahrenen Adler. An den Sammelplätzen gibt es nicht nur Nahrung im Überfluß, hier können die Jungadler auch zusehen, wie die Altvögel jagen und, was vielleicht noch wichtiger ist, wie sie anderen die Beute abnehmen. Die jungen Adler lernen schnell. Untersuchungen zufolge übertreffen sie schon kurz nach ihrer Ankunft die Altvögel im „Schnabelraub".*

Doch eins ist sicher: Nicht lange nachdem er den Horst verlassen hat, wenn die Tage kürzer und die Nächte länger werden, befindet sich der Jungadler weit fort vom elterlichen Horst und ist ganz auf sich selbst gestellt, obwohl er immer noch ein nahezu unerfahrener Jäger ist. Wie die meisten Fleischfresser können zwar auch Adler mühelos mehrere Tage lang ohne Futter auskommen, doch schließlich zwingt sie der Hunger zur Jagd, und damit beginnt es für den Jungadler erst richtig gefährlich zu werden.

Die größte Gefahr für die meisten Adler – besonders für Steinadler – sind tödliche Schußverletzungen. Obwohl Adler überall in Amerika durch Gesetze geschützt sind, gibt es immer noch fanatische Jäger und Hobbyschützen, die sie weiterhin abschießen. Viele wissen, daß Adlerfedern und Fänge auf dem Schwarzmarkt hohe Summen einbringen, und für andere ist der riesige Vogel einfach eine unwiderstehliche Zielscheibe. Im Fall des Steinadlers glauben auch heute noch viele Rancher, daß er eine Gefahr für ihre Herden darstellt, also scheren sie sich nicht um Gesetze. Untersuchungen haben ergeben, daß Adler sich erst an Haustieren „vergriffen", als die Tiere bereits tot waren. Doch der Anblick eines Adlers, der ein verendetes Tier in Stücke reißt, genügt vielen Ranchern bereits als Beweis dafür, daß der Adler der Missetäter ist.

Tod durch Stromschlag ist die zweitgrößte Gefahr, die den Adlern droht. Die meisten Vögel können sich auf Starkstrommasten niederlassen, ohne daß ihnen etwas passiert. Doch wieder einmal wird dem Adler seine Größe und vor allem seine Flügelspannweite zum Verhängnis. Wenn er auf Strommasten landet oder von ihnen abfliegt, muß er notgedrungen seine Schwingen ausbreiten und berührt unter Umständen gleichzeitig zwei Kabel, die natürlich verschiedene Voltzahlen haben. Blitzschnell schießt der Strom von einer Seite zur anderen durch den Körper des Adlers. Das Tier ist auf der Stelle tot, es stirbt entweder an Herzschlag oder an seinen Verbrennungen.

Bleivergiftung ist eine weitere häufige Todesursache. Jäger schießen Rehe oder andere Wildtiere an, können dann aber das verwundete Tier nicht aufspüren oder merken vielleicht nicht einmal, daß sie es verletzt haben. Das Reh verendet, ein Adler findet den Kadaver, macht sich darüber her und verschluckt dabei auch die Kugel oder die Schrotkugeln. Schon drei Kugeln genügen, um einen Adler zu töten.

Auch Enten nehmen Kugeln auf, wenn sie in Teichen gründeln, an deren Ufern häufig geschossen wurde, lange bevor Bleimunition verboten wurde. Adler, die Wasservögel fressen, die an Bleivergiftung verendet sind, nehmen mit dem Kadaver auch das Blei auf. Wenn der Adler Glück hat, gelangt das Blei nur in seinen Kropf und wird gemeinsam mit unverdaulichen Nahrungsresten als Gewölle ausgeschieden, bevor es zu größeren Schäden kommt. Ist dies nicht der Fall, stirbt der Adler einen langsamen, qualvollen Tod, wobei nacheinander Koordinationsfähigkeit, Sehvermögen und Appetit nachlassen – Voraussetzungen, die für einen Jungadler unbedingt nötig sind, um erfolgreich zu jagen.

LINKS: *Die nordamerikanischen Ureinwohner glaubten, daß der Donnervogel – ein mythisches Adlerwesen – durch das Schlagen seiner Schwingen Donner und Blitz erschaffen hätte. Auch in der griechischen Mythologie trägt Aquila, der Adler, manchmal die Donnerkeile des Zeus in seinen Fängen.*

Wenn Adler heute in Kontakt mit Elektrizität kommen, sind die Folgen katastrophal. Beim Starten und Landen auf Starkstrommasten erden sich jedes Jahr Hunderte von Adlern und kommen dabei jämmerlich um. Einige moderne Elektrizitätswerke haben inzwischen Strommasten entwickelt, die für große Vögel weniger gefährlich sind und dadurch auch die Sachschäden verringern, die durch derartige Unfälle entstehen.

Jungadler sind zudem besonders giftgefährdet. Da sie weniger geschickte Jäger sind als die Altvögel, ernähren sie sich meist auch mehr von Kadavern. Außer Blei nehmen sie damit unter Umständen auch Gift auf, das in Köder injiziert wurde und ursprünglich vielleicht für Wölfe oder Kojoten gedacht war, manchmal aber auch bewußt für Adler ausgelegt wurde.

Auch Zusammenstöße mit Fahrzeugen gehören bei Adlern zu den häufigen Todesursachen. Der Fahrer eines Kleintransporters in British Columbia fuhr einmal einen tieffliegenden Weißkopfseeadler an. Das Tier prallte gegen die Windschutzscheibe, wurde von dort durch ein offenes Fenster ins Innere des Wagens gesaugt und landete auf dem Schoß des Beifahrers. Der Beifahrer konnte von Glück sagen, daß der Adler bereits tot war. Doch wie so oft mußte der Adler das Zusammentreffen mit dem Menschen mit seinem Leben bezahlen.

Selbst für Vögel, denen es gelingt, all diesen Gefahren zu entgehen, ist das Leben nicht einfach. In Gebieten, in denen Nahrungsknappheit herrscht, verhungern bis zu 50 Prozent aller Adler im ersten Winter ihres Lebens, weil sie als Jäger noch viel zu unerfahren sind. Besonders das Fischefangen gehört zu den erworbenen Fähigkeiten des Adlers.

Umherziehende junge Adler halten sich normalerweise immer in der Nähe von offenen Gewässern auf und versuchen früher oder später zu fischen. Weißkopfseeadler gleiten in einem relativ flachen Winkel über das Wasser und versuchen, Fische mit ihren Fängen unmittelbar unter der Wasseroberfläche herauszuziehen. Im Gegensatz zu ihren Vettern, den Fischadlern, die manchmal zielstrebig ins Wasser tauchen, um sehr viel tiefer schwimmende Fische zu erbeuten, besteht für den Weißkopfseeadler das Ziel darin, die Beute zu greifen und gleichzeitig sein Gefieder möglichst trocken zu halten.

Manchmal verkalkuliert sich ein Weißkopfseeadler in der Höhe oder packt einen Fisch, der zu schwer für ihn ist. Unwillig oder unfähig, die Beute loszulassen, landet der Adler schließlich im Wasser.

LINKS: *In einer Fabel Aesops liegt ein Adler, den der Pfeil eines Jägers durchbohrt hat, im Sterben. Als er den Kopf wendet, um den Pfeil zu betrachten, sieht er, daß der Schaft mit einer seiner eigenen Federn geschmückt ist, und beklagt sein grausames Schicksal. Doch anders als in dieser Fabel verursacht allein der Mensch die meisten Gefahren, denen die Greife ausgesetzt sind. Bis heute gehört in den USA der Abschuß durch Jäger zu den häufigsten Todesursachen der Tiere.*

OBEN: *Wenn er versucht, einen besonders großen Fisch zu erbeuten, muß gelegentlich sogar ein Weißkopfseeadler ein unfreiwilliges Bad nehmen. Dies ist für einen guten Schwimmer wie ihn normalerweise zwar kein Problem, doch wenn das Wasser sehr kalt ist, kann er sich leicht unterkühlen und an den Folgen sterben. Dieser Adler ertrank in Frederick Sound in Alaska.*

Links: *Nur wenigen nordamerikanischen Tieren ist es gelungen, sich ihren Weg von der Liste der vom Aussterben bedrohten Tierarten zurück ins Leben zu erkämpfen. Der Weißkopfseeadler gehört ebenso wie der kalifornische Grauwal und der amerikanische Alligator zu dieser Minderheit. Einst stand er in allen 48 Festlandstaaten kurz vor der Ausrottung, doch 1994, zwei Jahrzehnte nach dem Verbot von DDT und der Einführung von Gesetzen zum Schutz der Adler und ihrer Horstbäume, hatten sich die Bestände soweit erholt, daß die Art als „gefährdet" eingestuft werden konnte.*

Obwohl man beobachtet hat, daß Weißkopfseeadler auch vom Wasser aus aufflogen, ist ihnen dies offenbar nicht möglich, wenn ihr Gefieder zu durchnäßt ist, so daß ihnen nur noch die Alternative bleibt, zum Ufer zurückzuschwimmen. Man hat beobachtet, wie Weißkopfseeadler weit draußen im Meer versuchten, zum Ufer zurückzuschwimmen und dabei eine Technik an den Tag legten, die dem Delphinschwimmen ähnelt und recht effektiv ist, aber nicht sonderlich elegant aussieht. Die Tiere bewegten sich rudernd vorwärts, indem sie beide Flügel gleichzeitig nach vorne auf die Wasseroberfläche schlugen und durch das Wasser nach hinten zogen. Wenn dabei zuviel kalte Luft an die nassen Federn gelangt, droht dem durchnäßten Adler eine neue Gefahr, er ist zwar dem Tod durch Ertrinken erfolgreich entgangen, stirbt jedoch an Unterkühlung.

* * *

Wenn ein Weißkopfseeadler erst mit seiner Beute das Festland erreicht hat, beginnt er sofort zu kröpfen, vorausgesetzt, er wird nicht von anderen gestört. Kleinere Fische trägt er durch die Luft auf einen nahestehenden Baum, wo er sie mit einem Fang festhält, während er sie mit seinem scharfen Hakenschnabel zerreißt.

Tote Fische sind natürlich leichter zu erbeuten als lebende, und laichende Lachse gehören zur Lieblingsbeute des Weißkopfseeadlers. Sie locken die Greife im Winter auch zu ihren bevorzugten Versammlungsplätzen – vor allem zum Chilkat River in der Nähe von Haines, Alaska, und zum Squamish River in der Nähe der Stadt Brackendale in British Columbia. Hier versammeln sich Tausende von Adlern. Haines hat angeblich die weltweit größte konstante Winterpopulation von Weißkopfseeadlern, doch 1994 ergab eine Zählung an den unteren 60 Kilometern des Squamish Rivers, daß es hier noch mehr Adler gab als in Haines, die dortige Rekordzahl von 3495 wurde noch um 274 Vögel übertroffen. Diese Zahlen wurden allerdings in den darauffolgenden Jahren an beiden Orten nicht mehr erreicht.

LINKS: *Dieser junge Weißkopfseeadler ist etwa zwei bis drei Jahre alt. Das sieht man an der mittelbraunen Augenfarbe, der gelben Wachshaut (dem Teil des Schnabels, der dem Kopf am nächsten ist), dem grauen Schnabel und den hellbraunen Streifen am Kopf. Wenn Weißkopfseeadler älter werden, verfärben sich ihre Augen und Schnäbel langsam gelb. Die weiße Haube und die weißen Schwanzfedern bilden sich irgendwann während des vierten Lebensjahres aus.*

OBEN: *Die beste Methode der Energieersparnis besteht darin, gar nichts zu tun, eine Kunst, die Weißkopfseeadler geradezu perfekt beherrschen. Sie verbringen bis zu 90 Prozent ihrer Zeit hoch oben auf ihrer Ansitzwarte und beobachten ihre Lieblingswasserstelle. Doch selbst ein Meister muß ab und zu eine Pause einlegen, um seine Flügel auszustrecken.*

RECHTS: *Die meisten Weißkopfseeadler sind eher geneigt zu stehlen als zu jagen. Die Versuchung, einem Artgenossen, der in der Nähe kröpft, die Beute abzunehmen, ist so stark, daß Weißkopfseeadler dafür unter Umständen sogar ihr eigenes Mahl im Stich lassen. Steinadler dagegen stehlen weniger von Artgenossen als von anderen Greifen, etwa Habichten und Falken.*

Weißkopfseeadler sind in ihren Winterquartieren so zahlreich, daß die Bäume an den Flußufern stellenweise wie gotische Baumornamente aussehen. In den flachen Teilen des Flusses waten die Tiere bis zu den Brustfedern ins Wasser und ziehen mit ihren Schnäbeln oder Fängen die sterbenden Lachse an Land.

Die leichte Beute kommt besonders den Jungadlern auf ihrer ersten Wanderung sehr gelegen, daher findet man in den Winterquartieren auch so viele Jungadler. Sie lernen schnell, daß es manchmal viel einfacher ist, einen Fisch zu fangen als ihn zu behalten. Bei überwinternden Adlern ist „Piraterie" an der Tagesordnung, und es wird mehr Zeit damit verbracht, sich um die Beute zu zanken, als sie zu fangen. Diese Streitereien hat sich ein besonderer Zweig der Verhaltensforschung, die Spieltheorie, zur Aufgabe gemacht, wobei man herauszufinden versucht, worin die Vor- und Nachteile dieser Kämpfe im Vergleich zum Fischfang bestehen.

Es ist nicht weiter verwunderlich, daß meist die größeren Vögel als Sieger hervorgehen, doch auch Hunger spielt für den Ausgang der Rangeleien eine wichtige Rolle. Ein junger, verzweifelter Vogel hat ohnehin nichts mehr zu verlieren und kämpft daher wahrscheinlich verbissener um die Beute. Wie bei den meisten Kämpfen innerhalb einer Spezies steht in den meisten Fällen der Ausgang bereits fest, bevor der Kampf überhaupt richtig angefangen hat. Die „Freibeuter" sehen sich ihre potentiellen Opfer sehr genau an, bevor sie angreifen, und machen sich normalerweise gar nicht erst die Mühe, wenn sie nicht sicher sind, daß sie gewinnen.

All dies gehört in den größeren Rahmen der Energieersparnis, die der Weißkopfseeadler meisterhaft beherrscht. Während des Winters verbringt er die meiste Zeit damit, von seiner Warte aus auf den Fluß herunterzustarren. Nur ein Prozent der Zeit wird mit Fliegen verbracht, meist am Nachmittag, wenn die Sonne die Luft genügend erwärmt, um Thermik entstehen zu lassen. Nachts

LINKS: *Für einen notorischen Dieb wie den Weißkopfseeadler ist der Kadaver eines Seehundes, den die Flut ans Ufer geschwemmt hat, ein wahrer Glücksfall. Reich an Fetten und Proteinen kann dieser Kadaver die ganze Adlergruppe tagelang ernähren. Doch es wird einem im Leben leider nichts geschenkt. Viele der Kalorien, die sie bei diesem Festmahl aufgenommen haben, werden verschwendet, indem die Tiere um jeden Bissen kämpfen.*

RECHTS: *Höher entwickelte Raubtiere besitzen zwar angeborene Jagdinstinkte, wissen jedoch nicht unbedingt, wie sie am besten fliegen, beißen oder ihre Beute anspringen sollen. Genau wie kleine Kinder über Monate hinweg durch Versuch und Irrtum das Laufen erlernen, müssen auch Adler erst durch langwieriges Üben lernen, wie sie am besten ihre Ansitzwarte anfliegen oder sich am effektivsten auf ihre Beute stürzen müssen. Der Unterschied besteht allerdings darin, daß Adler bei diesen Lernversuchen bereits einen voll entwickelten Körper besitzen, und ihre Geschicklichkeit daher sehr viel schneller erlangen.*

ziehen sich die Vögel auf dicht belaubte Ruhebäume zurück, wo sie ihre Körpertemperatur gut halten können.

Das vergleichsweise verträgliche Wesen des Weißkopfseeadlers wirkt sich vorteilhaft auf die Einsparung von Kalorien aus. Wenn Nahrung so reichlich vorhanden ist wie in den Winterkolonien am Squamish und Chilkat River, entspannen sich die Territorialregeln, und die Adler erlauben sogar, daß andere Artgenossen sich in nächster Nähe aufhalten und nur einen Flügelschlag von ihnen entfernt kröpfen.

Genau wie die Lachse die Adler anlocken, ziehen die Adler wiederum die Menschen an, und zwar nicht nur ein paar wenige leidenschaftliche Vogelfreunde, die an den Weihnachtszählungen teilnehmen wollen. Tausende von Menschen, die an einen Singvogel oder eine Ente nicht einmal einen Blick verschwenden würden, nehmen tagelange Anfahrten auf sich, nur um einen Adler zu sehen. Die Winterquartiere der Weißkopfseeadler am Chilkat und Squamish River werden zunehmend zur Touristenattraktion.

Weißkopfseeadler verhalten sich Menschen gegenüber relativ tolerant, benötigen jedoch eine gewisse Ungestörtheit, um zu kröpfen und zu nisten. Die meisten Weißkopfseeadler hören auf zu fressen, wenn ein Mensch sich ihnen auf 150 Meter nähert. Da die winterlichen Kalorienreserven sehr klein sind, kann eine Störung bei der Nahrungsaufnahme durch neugierige Freizeittouristen, die sich den König der Lüfte gern aus der Nähe ansehen möchten, für den Adler den Tod bedeuten. Die meisten Winterquartiere liegen inzwischen schon innerhalb der Nationalparks. An den anderen Orten versuchen Naturschützer, Schutzgebiete für die Adler einzurichten. Umweltgruppen wie die Squamish Estuary Conservation Society bemühen sich, menschliche Besucher, die in riesigen Scharen nach Brackendale zum Winterquartier der Tiere strömen, durch Schilder, Flugblätter und organisierte